VIRTUAL REALITY

下一站，元宇宙

穿越遊戲×客串電影×□□□□□
秀才不出門，也能體□□

易盛 編著

目錄

目錄

前言

根據科技的發展規律，每 10 ～ 15 年會誕生一個新的運算平臺，如電腦到智慧型手機，再到平板電腦，下一個是什麼呢？從矽谷到中關村，所有人都在尋找。作為當前最熱門的領域和議論話題，虛擬實境承載了人們對未來的一種期許，它不但能改變人們與外界的接觸方式，也極有可能就是大家熱切盼望的下一代運算平臺。

■ 本書內容介紹

全書共分為 6 章，具體內容如下：

第 1 章為「真實的造夢機」，主要介紹虛擬實境的一些特點以及與傳統體驗不一樣的地方，讓讀者對虛擬實境有一個最直接的認識。

第 2 章為「夢境前哨早知道」，主要介紹虛擬實境技術的原理以及發展歷史和龍頭公司的成立，並分析了其未來的技術演變。

第 3 章為「打開夢遊仙境的鑰匙」，主要介紹虛擬實境的硬體設備，讓讀者快速獲取有關虛擬實境的知識。

第 4 章為「築夢師的獨門絕技」，主要介紹虛擬實境的一些建模軟體與應用系統，闡述虛擬空間的創建原理。

前言

　　第 5 章為「行業大革命」，主要介紹虛擬實境在各行各業的發展前景以及目前已經應用得比較成熟的一些領域，例如遊戲、影視、軍事等。

　　第 6 章為「VR 的市場淘金」，重點探討了如何利用虛擬實境技術去實現盈利，從企業、股市、資金、個人等多方面進行了分析。

■ 本書主要特色

　　內容精闢，通俗易懂。本書作者立足科技行業，從消費者角度解讀科技的價值與趨勢，從而為大家帶來虛擬實境領域的深度剖析。透過介紹虛擬實境的發展背景、當前現狀、熱門應用、存在問題、未來趨勢等，向對此行業感興趣的讀者綜述虛擬實境的發展，揭開虛擬實境的神祕面紗並剖析行業中的創業難點。

　　應用豐富，擴散思維。不同於同類書籍中的內容，本書在注重技術普及的同時，還介紹了虛擬實境在諸多領域中的應用，如果讀者有自主創業的想法，可以在其中找到靈感。

■ 本書適用對象

　　本書適合廣大關注虛擬實境的人員閱讀，也適合作為虛擬實境創業者的操作指南。

■ 本書創作團隊

本書由易盛主筆，由於作者能力有限，書中疏漏之處在所難免。在感謝你選擇本書的同時，也希望你能夠把對本書的意見和建議告訴我們。

編者

真實的造夢機

　　自從人類進入 21 世紀以來，各種新奇的科技層出不窮─行動網路、智慧型手機、3D 列印、無人機等。還未待這些新生產物的熱潮完全散去，科技界就又拋出了一個新的名詞─虛擬實境（Virtual Reality，簡稱 VR）。那麼，究竟什麼是虛擬實境？它有哪些傳統技術不能比擬的特點？它對我們的生活又將產生哪些影響呢？本書將為讀者一一揭曉這些答案。

第 1 章　真實的造夢機

1.1　體驗一回「黃粱一夢」

　　在中國唐代的傳奇小說〈枕中記〉中，曾記載過這樣一個故事：唐開元七年，有一個姓盧的書生，屢次進京趕考，卻屢次名落孫山，幾年下來功不成名不就，終日垂頭喪氣。有一天，盧生到邯鄲旅店投宿，店中的另一個客人呂翁看他萎靡不振，就拿出了一個仙枕讓他枕上。盧生倚枕而臥，沒多久就安然入睡了，並做了一場享盡榮華富貴的好夢。在夢中他不僅高中狀元，還迎娶了美嬌娘，並且出將入相，戰功赫赫……當盧生夢醒時，左右一看，一切如故，呂翁仍坐在旁邊，店主人蒸的黃粱飯還在鍋裡！這就是「黃粱一夢」（如圖 1-1 所示）的由來了。

圖 1-1 黃粱一夢

　　在現實生活中，每個人或許都會像盧生一樣有一些大大小小的夢想，但這些夢想可能又因現實生活的拘束而難以實現。

所以千百年來，盧生和他的「呂翁仙枕」都只是讀書人聊以遣懷的段落。但是到了 21 世紀，一項嶄新的技術卻可能讓每個人都能體驗一回「黃粱一夢」，這項技術就是「虛擬實境」。

　　正如「黃粱一夢」靠的是「呂翁仙枕」，而虛擬實境同樣需要借助一些外部設備，如一副特殊的眼鏡（如圖 1-2 所示），透過它就能讓使用者體驗到與想像中一模一樣的情景。

圖 1-2 體驗虛擬實境技術的眼鏡

　　虛擬實境的概念是由美國 VPL 公司的創建人杰倫‧拉尼爾（Jaron Lanier）在 1980 年代初提出的，也稱「虛擬技術」或「虛擬環境」，是綜合利用電腦圖形系統和各種實景及控制等介面設備，在電腦上生成的、可互動的、在 3D 環境中提供沉浸感覺的技術。它利用電腦生成一種模擬環境，利用多維資訊融合的互動式 3D 動態視景和實體行為的系統仿真，讓使用者沉浸到該環境中。

第 1 章　真實的造夢機

　　之所以把虛擬實境的體驗比喻成「黃粱一夢」，是因為雖然它所呈現的場景與夢想中一樣，但它並不等於現實，只是利用電腦模擬產生的一個三度空間的虛擬世界，當你摘下所佩戴的特殊眼鏡之後，一切又將回歸現實，剛才所看到的、觸摸到的、感受到的一切都將不復存在，如同盧生從「呂翁仙枕」上醒來一樣。這個過程只是把人的感官帶入了一個虛擬的數位世界，就像做了一場極其逼真的美夢一樣。

　　在過去，人們看書、電影、電視時，都只能靠想像來腦補畫面的真實感，並不能得到身臨其境的視覺體驗，更別說觸覺和嗅覺體驗了。但是透過虛擬實境技術，這一切都可能實現，這也是虛擬實境不同於以往任何技術的特點。

1.2 虛擬實境的特點

　　整體來說，虛擬實境有三大特點，即沉浸感（Immersion）、互動性（Interactivity）、想像力（Imagination），由於三者的英文名稱均以字母「I」開頭，因此又被稱為 I^3 特性（如圖 1-3 所示）。除此之外，虛擬實境還具有多感知性（Multi-Sensory）這一大特點。這些特點的主要含義介紹如下。

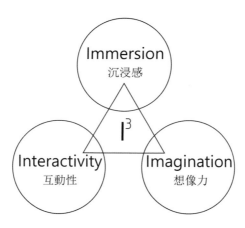

圖 1-3 虛擬實境的 I^3 特性

1.2.1 沉浸感

　　「沉浸感」（Immersion）是出現在虛擬實境介紹中最多的一個詞，的確，不論是電視還是電影，我們基本都是一個旁觀者，即使劇情再精彩、遊戲氛圍再棒，從某種程度上來說我們都無法真正沉浸其中。虛擬實境則解決了這個問題，透過接近

13

第 1 章　真實的造夢機

人類視角的頭戴式螢幕設備、頭部及動作追蹤技術，讓你真正感受到虛擬環境的氛圍。這種體驗不僅僅可以用於遊戲，還包括互動電影、商業活動（如看車、看房）或是一些平常無法實現的事情（旅行、探險）。

「沉浸感」的原理來自使用者的高度注意力，因此其他的一些需要高度專注的行為，如看書、玩遊戲等也會產生沉浸效果。當人們將注意力集中於書籍、電影或遊戲當中時，過於集中的注意力會過濾掉所有不相關的知覺，從而進入一種旁若無人的狀態。

美國伊利諾大學的一位感知學學者曾經做過一個名為「看不見的大猩猩」的實驗，該實驗可以用來說明沉浸效果。實驗中，受試者被要求觀看一段兩組籃球隊員在組內彼此之間相互傳球的影片，並且要數出每組球員傳球的次數，那麼如果有一隻大猩猩從球員之間走過（如圖 1-4 所示），受試者是否會注意到呢？也許讀者會想當然的認為肯定會，因為黑猩猩畢竟是一個很大的目標，出現在狹小的球場上肯定會引起注意。但是，實驗的結果卻讓人吃驚，幾乎有超過一半的受試者沒有注意到他們的眼皮底下曾大搖大擺的走過一隻黑猩猩。

圖 1-4 「看不見的大猩猩」實驗

在一個虛擬實境環境中,使用者體驗到沉浸感,也就是所謂的感覺到成為虛擬實境環境的一部分,同時使用者也可以和他所處的虛擬環境進行有意義的互動,沉浸感和互動感的結合統稱為臨場感 (Telepresence)。電腦科學家喬納森‧斯圖爾 (Jonathan Steuer) 將之定義為「與直接的物理環境相比,個體處在這種間接的虛擬環境中,感覺到真實的程度」。

換言之,理想的模擬環境可以做到讓使用者在體驗的過程中,不自覺的全身心投入到電腦創造的 3D 虛擬環境中,甚至感覺不到虛擬環境與現實世界的差距,不管是視覺、聽覺還是觸覺,甚至是嗅覺、味覺等一系列的感官,都能讓使用者覺得周圍的一切都是真的,於是沉迷在虛擬的環境中。

1.2.2　互動性

「互」的本意是指一種絞繩子的工具，引申為交錯，表示動作或訊息互相傳遞，而當「互動」這兩個字連接起來後，這個概念就比較廣了。一般來說，「互動性」（Interactivity）被運用於電腦及多媒體領域，並且多為 2D 互動。例如人使用電腦進行文字輸入，所打出來的字就會輸出在電腦螢幕上，透過人的眼睛進入大腦，這便形成了一個簡單的互動行為。

而虛擬實境的互動性，事實上與電腦的互動性大同小異，都是人與物之間的互動關係，只是互動模式從 2D 跨越到 3D。例如，當人進入一個充滿美味食物的虛擬場景中時，如果他想吃中間的某樣食物，他可以走到食物的旁邊，「拿」起它，甚至真的「吃」掉它；再舉例，看《紐約時報》的〈巴黎守夜〉影片（如圖 1-5 所示）時，該影片有一個線性敘事形式：隨著黑夜變成白天，你傾聽巴黎人詳細講述襲擊的故事，然而在他們說話的時候，你可以四處走動，並且從不同角度探究事發地。

圖 1-5 〈巴黎守夜〉影片截圖

　　總之，在虛擬實境的世界裡，你可以直接用手去觸摸你所感興趣的物體，而不是被動的去感受模擬場景中的一切，包括場景中物體的觸感、重量等，你甚至可以讓它隨著你的手移動、擺放它的位置。這種可以置身於場景中，與場景內的物體進行互動和操作，並得到及時回饋的性質就叫做「互動性」。

1.2.3　想像力

　　虛擬實境的想像力（Imagination）可以充分展現在醫療、軍事、工程等方面。例如，在醫療行業，醫學家們經常先使用小白鼠做實驗，再一步一步推導出該實驗對人體有什麼影響；而在手術方面，要麼用小動物給初學者練習，要麼在徵得病人家屬的同意下讓新手進入手術室幫忙，條件的限制導致醫學的學習和研究進步緩慢。而如果有了虛擬實境，就大不相同了。

與傳統開放式手術不同，醫生手術不是看著人體器官做，而是透過內窺鏡看著螢幕來做手術，如圖 1-6 所示。

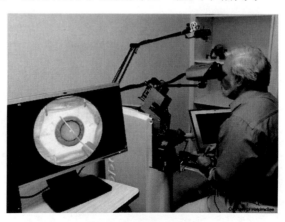

圖 1-6 虛擬實境手術

17

第 1 章　真實的造夢機

虛擬實境的設計者可以將手術所需人體器官透過幾何、生理、物理的建模，變成高度仿真的數位化器官，醫生在虛擬手術中進行操作，感覺就像在真實器官上進行手術一樣，不但可以訓練醫生的操作能力，還能使醫生在「實踐」過程中加深對醫術的認知，產生新意和構想，同時還可以採集個性化的病體器官資料，建構個性化病體器官模型，進行具體的手術規畫和演練，從而大幅度改善手術效果，對醫療手術帶來顛覆性影響。

過去，人們只能靠一次次的實務來得出問題的結果，被動的進行探索。而現在，人們可以在虛擬實境的世界裡盡情研究，結合想像主動的去探索和接收資訊，不必擔心可能出現的實驗資源匱乏和經費等問題。

此外，虛擬實境技術不僅能夠創造出人類已知的模擬場景，還能夠創造出你從未見過的、客觀上根本不存在的甚至不可能發生的場景，從而拓寬你的認知範圍。

1.2.4　多感知性

人處在生活中，可以感知到周圍的一切，像聞到的花是香的，陽光是溫暖的等等。而在虛擬實境技術中，多感知性（Multi-Sensory）的要求指的是，除了一般電腦技術所具有的視覺感知之外，還具有自然界中的聽覺感知、力覺感知、觸覺感知、運動感知，甚至包括味覺感知、嗅覺感知等。

像有些商家所宣傳的 9D 電影，如圖 1-7 所示，便是以虛擬實境技術為核心製作出來的，將視覺、聽覺、嗅覺、觸覺和動感完美的融為一體的電影。觀眾在觀看電影時，不僅可以「觸摸」到電影中的物體，還能「遭遇」颱風、下雨、雷電等場景，如影片內在播放下雨的場面，影片所做的環境特效便能讓觀眾感到有雨淋在身上；電影中颳起了風，觀眾便同步感覺到有風吹來；電影中起了霧，觀眾也感覺到有霧在身邊瀰漫……讓人身臨其境，妙趣橫生。

圖 1-7 9D 電影

理想型的虛擬實境技術應該具有一切人所具有的感知功能，達到讓使用者所感知的世界與現實無異。但由於相關技術，特別是傳感技術的限制，目前虛擬實境技術所具有的感知功能僅限於視覺、聽覺、力覺、觸覺、運動等幾種。

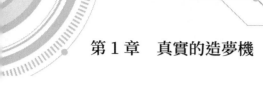

1.3　真實的「穿越」體驗

　　近幾年來，穿越類型的電視劇、小說頗受大眾喜愛。穿越並不僅限於回到過去，也可以穿越到未來，或穿越到平行空間、平行世界、平行宇宙，或是同一時空、同一時代，還有可能「空穿」，穿到一個沒有歷史紀錄（架空）的時代，還有可能穿到異時空，如玄幻文明、仙魔文明、奇幻文明等。大眾之所以熱衷於「穿越」，其主要原因便是可以將自己投射到劇作的角色當中，在一個虛構的世界裡做自己想做的事，逃離掉現實生活中的煩擾。

　　如果換在以前，這種穿越可能只是人們的幻想，但現在借助虛擬實境技術，的確可以在一定程度上還原穿越的感受 —— 當進入虛擬實境世界的那一刻起，你便踏入了穿越的世界。

1.3.1　身臨其境的視覺體驗

　　在虛擬實境系統中，視覺感知技術的主要作用對象就是人的眼睛。在所有感覺中，視覺的意義非比尋常，在日常生活中，有超過八成的外界資訊都是由視覺系統感知、接收和處理的。人的眼球直徑在 24mm 左右，後半部分基本被視網膜覆蓋。視網膜由 1.1 億～ 1.3 億個相應黑白的視桿細胞和 600 萬～ 700 萬個感受彩色的視錐細胞組成。視網膜邊緣解析度很低，中央凹處解析度極高。另外，人眼具有很強的動態調節適應能

力，現階段虛擬實境技術還很難滿足人眼對環境的感知變化，是使用者體驗的主要瓶頸之一。現階段，虛擬實境內容傳入人眼的途徑主要有兩種：一種是透過螢幕顯示，人眼觀看螢幕獲得內容；另一種是透過投影技術，將畫面直接投射到視網膜上。

第一種技術應用簡單，使用較普遍。低至手機螢幕，高至4K電視螢幕，都可以作為顯示器，但這些產品都或多或少的存在缺點，例如一定程度的顆粒感、邊緣失真、黑邊、延遲、影格率過低、對比度一般等。從視覺角度來說，如果需要獲得更好的虛擬實境體驗，就需要設備具有高影格速率、低延遲、高解析度等特點。目前，虛擬實境設備需要達到解析度2K畫素以上，延遲20ms以內，螢幕更新率在60Hz以上，視場角在95°以上才能達到入門標準。

根據AMD公司的計算，人類視網膜中央能達到60個PPD（Pixels Per Degree，每度的畫素）的可視度，在水平120°、垂直135°的視野下，兩隻眼睛的視野可以達到1億6000萬畫素，換算成解析度大概就是16K畫素。虛擬實境設備需要達到2K畫素解析度以上，才能提供及格的顯示效果，要達到人眼所能感知的效果，那麼虛擬實境顯示技術還有很長的路要走。

目前市場上解析度能達到4K畫素的VR設備並不多，有中國中科院雲計算中心與深圳威阿科技有限公司聯合推出的蜃樓TV-1和小派科技在2016年4月7日發表的小派4K VR等，4K畫素設備的解析度達到了3840×2160畫素，可以為使用者提供

不錯的顯示效果。另外一個思路就是讓眼球注視的地方顯示較高解析度，而視野外圍使用較低解析度。在 2016 年的 CES 美國拉斯維加斯電子消費展上，一家德國公司展示了注視點渲染眼球追蹤技術，局部渲染功能讓硬體優先高解析渲染眼球中央的圖像，視野外圍用較低解析度的渲染，從而提升渲染效果，減少設備的運算量。

　　第二種顯示技術是直接將畫面投射到眼球。Google 眼鏡、Avegant Glyph、Magic Leap 等都使用了類似的技術。不同的是，Google 是單眼投影，透過一個微型投影機和半透明稜鏡，將圖像投射在視網膜上；Avegant Glyph 採用兩個獨立投影機，採用 VRD 虛擬視網膜技術；Magic Leap 採用的是光纖投影機，使用的是 Fiber Optic Project 技術。投影技術可以實現更為細膩、逼真的 3D 效果，而且畫面直接投影到視網膜，緩解了眼睛盯著螢幕產生的疲勞感。

　　借助虛擬實境的新型顯示技術，便可以創造出一些以前不曾有過的新式體驗。以前，如果我們想要表現一個物體或者場景的立體感，通常會透過製作建築模型、3D 動畫等方法來實現，而這些方法往往都有一定的侷限性。例如房地產的建築模型，如圖 1-8 所示，客戶只能看到物體的表面，而不能進入物體內部直接瀏覽其構造。

圖 1-8 建築模型（1）

　　而房地產的 3D 動畫，如圖 1-9 所示，在模型的基礎之上進行了「升級」，除了可以參觀物體外部，還可以進入物體內部進行瀏覽，但不具有任何互動性，即不是客戶想看什麼地方就能看到什麼地方，客戶只能按照設計師預先固定好的一條路線去看某些場景，而不能按照自己的意願主動的進行瀏覽。

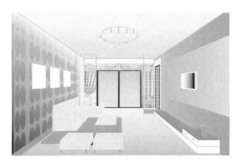

圖 1-9 建築模型（2）

　　虛擬實境與建築模型和 3D 動畫不同的是，它可以透過專業的 360°全景攝影機將客戶所想要去的地方、瀏覽的風景拍攝下

來，透過整理編輯和製作，將一個個畫面串聯到一起，形成一個完整的模擬場景。在場景裡，客戶的視角是全方位的，客戶可以根據自己的思維自由瀏覽，並可以從任意距離、角度瀏覽場景，就如同客戶本身處於場景中一樣，如圖 1-10 所示。

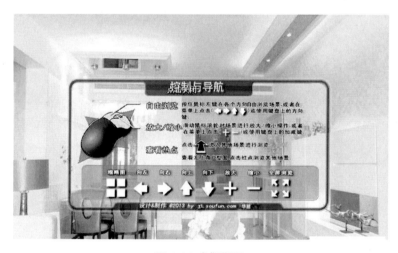

圖 1-10 虛擬場景

1.3.2　自帶畫面的口技

有一則文言文〈口技〉，說的是口技藝人唯妙唯肖的口技表演，讓在場的賓客彷彿身處其境，甚至「無不變色離席，奮袖出臂，兩股戰戰，幾欲先走」，而撤掉屏風之後一看，卻又只有「一人、一桌、一椅、一扇、一撫尺而已。」充分的展現了聲音在人意識中的主導作用。口技是優秀的民間表演技藝，也是雜技的一種，表演者用口、齒、唇、舌、喉、鼻等發聲器官模仿

大自然中的各種聲音，如飛禽猛獸、風雨雷電等，能使聽的人達到身臨其境的效果，如圖 1-11 所示。

圖 1-11 口技

說明：口技起源於上古時期，人們出於狩獵目的，模仿動物的聲音，從而騙取獵物獲得
食物。據史書記載在西元前 298 年的戰國時期就有〈孟嘗君夜闖函谷關〉的口技
故事。到了宋代口技已成為相當成熟的表演藝術，俗稱「隔壁戲」，從宋代到民
國初年在杭州頗為盛行。

在〈口技〉裡，聽眾只能聽見口技藝人發出的聲音，而畫面感則需要透過自己的想像來獲取，而在虛擬實境系統中，聲音的出現都自帶相應的畫面，不需要聽眾自己想像。並且虛擬實境技術採用的是 3D 音效，是利用揚聲器仿造出的、似乎存在但是虛構的聲音。也就是說，如果揚聲器仿造出你的周圍有雨滴落的聲音，那麼當你閉上眼睛時，就會感覺周圍真的在下雨，但是你的身上卻並沒有濕漉漉的感覺，這種效果也可以說是前面內容中所提到的打造沉浸感的一部分。

第 1 章　真實的造夢機

　　音效在虛擬實境體驗中占比僅次於視覺，許多虛擬實境設備都配備耳機，以提供較好的環繞音效。Google 的 Cardboard 部門最新的 SDK 支援讓開發商把空間音效整合到應用中，開發者可以把錄製好的聲音放到 3D 空間的任何地方。使用者轉頭會聽到聲音有強弱變化，而且還能直接的察覺到聲音發出的方向。想像一下，在玩恐怖遊戲時，後方突然出現了聲音是不是很讓人毛骨悚然呢？有些廠商還針對虛擬實境單獨發售了配套耳機，以提供完美的環境聲音，例如三星發表的 Entrim 4D，結合了內耳前庭刺激和演算法，讓使用者感受到由運動帶來的聲效變化，從而提升虛擬實境的體驗效果。2015 年，東方酷音推出了一款 3D 全息互動耳機 Coolhear V1，號稱支援即時處理輸入音效的聲場方位及聲音的空間軌跡，實現較理想的虛擬實境互動 3D 音效，如圖 1-12 所示。

圖 1-12 3D 音效的 Coolhear V1 耳機能與 VR 技術完美融合

1.3.3 夢境觸手可及

有了視覺和聽覺上的完美呈現,虛擬實境場景的外部架構才算基本完成,接下來要做的便是內部架構了。首先是觸覺架構,就像之前提到的 3D 動畫一樣,使用者只能被動的進行瀏覽,對於場景中的一切,看得到卻摸不著,沒有互動性,而觸覺的架構就為了解決這一問題。

一直以來,觸覺的複製都是虛擬實境發展路上的一塊擋路石。理想的虛擬實境場景中,當使用者對自己所看到的事物感興趣的時候,是可以用手或者身體的其他部分去接觸的,感受物體是「真實」存在的,而不是觸碰起來沒有任何回饋,甚至還可能會直接穿過物體,打破虛擬實境所打造的真實感。但因為沒有辦法去複製有著運動學的真實世界,所以觸覺複製曾一度被認為是不可能實現的事情。

現階段虛擬實境對觸覺的回饋主要有兩種方式:一種是穿戴式,另一種是桌面式。以射擊遊戲為例,射擊有瞄準、發射等動作,伴隨著開槍聲音,還會有重量與後座力回饋給玩家。瞄準、射擊等動作、震動及重量可以透過手把或遊戲槍實現,甚至可以讓玩家看到準星上揚、彈道偏移,聽覺上的槍響也基本可以還原,但後座力卻很難回饋。還有很多時候,玩家需要拿起一個物品或者揮舞手臂抵擋傷害等,雖然只是遊戲,但誰都不想真正感到疼痛或受傷。整體來說,虛擬實境的觸覺應該

更豐富一些，依靠手把震動、噴水、吹風、VR 體驗椅的搖晃（如圖 1-13 所示）等，還不足以完整的展現虛擬實境體驗。僅僅一個「拿」的動作，觸覺回饋便很難實現，不過科學家正朝著這個方向努力。

圖 1-13 VR 體驗椅能實現一定程度的觸覺回饋

　　而就在 2014 年，德國的一位研究員發明了一種由兩部分組成的設備，如圖 1-14 所示，這個設備叫做 Impacto，可戴在手臂或腿部，模擬撞擊的感覺，例如足球撞到腳上，或者一個人拍打你的手臂的碰撞感。

圖 1-14 Impacto 設備

　　這個無線設備的其中一個組成部分提供了虛弱的震動感，與大部分觸覺設備相似，就像你用 Xbox 手把玩賽車時感覺到的震動。但是 Impacto 的有趣之處是它的第二個部分，它會為你的肌肉連上兩個電極，它可以模擬與肌肉疲勞時所做物理治療時相同的肌肉電刺激。當這兩個部分結合起來，你的大腦就會受騙，就像出現了某種幻覺。這位研究員在接受 Tech Insider 採訪時說道，當觸覺驅使你的肌肉移動的時候，大腦也有一部分的主導。讓玩家在戴著 VR 頭盔時感受到撞擊的力量，為觸覺複製方面的缺陷提出了一個解決辦法。

1.3.4　語音交流

除了上述的觸覺架構外,在虛擬實境系統中,語音的輸入輸出也很重要。在 Facebook 未來十年的計畫中,要把 2D 的聊天通訊做成 3D 的可面對面交流的觸摸形式。相隔幾公里的兩個人可以在虛擬實境的世界透過手勢動作、頭部動作和語音進行交流,甚至可以使用虛擬實境場景裡的自拍器進行拍照,照片還可以發送到 Facebook 信箱,作為「現實版」的紀念,如圖 1-15 所示。

圖 1-15 人在虛擬實境裡會面

但就目前而言,大部分的虛擬實境產品中所使用的語音交流都是單方面的,例如,伴隨著使用者進入一個場景,場景中會響起與之搭配的語音解說,使用者可以透過點選等操作將語音關閉,但不能與場景中的人或物進行自主的對話交流,因為

電腦只是一個操作系統，它沒辦法像人一樣判斷語音的語氣和其隱藏的含義，及時給出正確且簡短的回覆。

第1章　真實的造夢機

夢境前哨早知道

透過上一章的介紹我們已經知道，虛擬實境技術與眾不同的互動性、想像力、多感知性和沉浸感，能夠將使用它的人的意識帶入到另一個虛擬空間中，看到許多現實中不可能發生的現象，讓整個體驗過程給人的感覺宛如在做夢一樣。而到這裡，或許你會產生疑問，這種奇妙的感覺究竟是如何而來的？虛擬實境經歷了怎樣的改朝換代才出現在我們的面前，引起我們的重視？之後它又將何去何從呢？在接下來的這一章裡，本書將化身為一名前哨，帶領大家一起去探索虛擬實境產生的來源和它營造夢境的方法，同時為大家揭曉它發展的下一篇章。

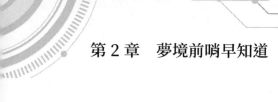

第 2 章　夢境前哨早知道

2.1　虛擬實境是如何實現的

　　虛擬實境，即營造出與真實世界無二的虛擬空間，這個空間在現實生活中是並不存在的，而人卻可以在這個虛擬的空間裡自由移動、觸碰裡面的物體並受到物體帶來的影響。

　　因此要實現虛擬實境，首先要使人的眼睛能夠看到該虛擬空間，並且顯示在人眼中的虛擬空間裡的一切，都必須高度模仿現實世界；其次，人在虛擬空間裡的大小與空間內物品的大小應該是成正比的，這樣物品在映入人眼睛的時候，才不會顯得唐突；最後，要表現虛擬實境的真實感，最重要的便是人在虛擬空間裡是可以自由移動的，並且可以按照自己的意識去觸碰並且操控虛擬空間裡的物品，讓它發生在現實世界裡也會有的相應形狀、位置等方面的改變。綜上所述，要實現虛擬實境，最主要需要運用到的技術有 4 個：投影技術、顯示技術、人體工程學技術和體感互動技術。

2.1.1　投影技術

　　在介紹投影技術之前，首先，我們先來了解什麼叫投影。「投影」是一個數學術語，是指投射線透過物體，向選定的投影面投射，並在該面上得到圖形的方法。數學上指圖形的影子投到一個面或一條線上，例如人的影子，就是太陽的光線透過人體在地面上投射形成的圖形，如圖 2-1 所示。

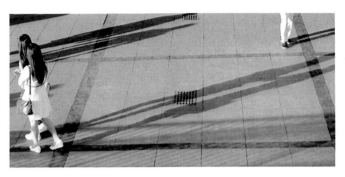

圖 2-1 人的影子

　　而投影技術，則指的就是運用相應的機器設備，將所獲取的圖片影像有選擇、有規律的投射到螢幕上。而這種能夠集中放映圖像的設備，就叫「投影機」，通常運用於辦公教學等方面，如圖 2-2 所示。與普通的平面投影要求不同，虛擬實境技術要求的畫面要更加立體、真實，並且要求顯示的影像並不僅僅是某一個面，而是 360°的全景投影。

圖 2-2 投影機用於辦公

　　「全景」（Panorama）是把相機環繞 360°拍攝的一組或多組照片拼接成一幅全景圖像。需要注意的是，虛擬實境技術中提到的全景圖像與影片，與傳統相機廠商提到的「全景」並不是同一個概念。現在基本上所有的智慧型手機都提供所謂的「全景」拍攝功能。以 iPhone 為例，當使用者舉起手機按照螢幕上的水平線引導移動手機時，就可以拍攝所謂的「全景」照片，如圖 2-3 所示。但這種「全景」照片屬於常規的「水平全景」照片，不能將相機頂部和底部的內容拍攝進去。

圖 2-3 水平的全景照片

　　真正的 360°全景拍攝需要使用至少兩個以上的廣角鏡頭，如 Nokia 的 OZO 就使用了 8 個鏡頭，如圖 2-4 所示，從不同角度進行拍攝，並使用後期軟體處理成 360°的全景影像，或是使用機內嵌入式運算系統即時處理成 360°全景影像。

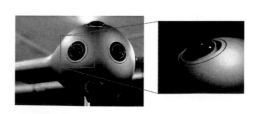

圖 2-4 Nokia OZO

在水平視角上，圖像的尺寸要得到很好的保持，而垂直視角上，尤其是接近兩端的時候，圖像要呈現出無限的尺寸拉伸，扭曲變形，如圖 2-5 所示。

圖 2-5 360°全景圖片

當將這些圖片導入 VR 頭盔和應用軟體的時候，這些明顯變形的畫面便能還原為全視角的內容，進而讓使用者有一種身臨其境的包圍感。

那麼，為什麼 360°全景圖片的圖像兩端要呈現出拉伸扭曲，才能在導入 VR 應用軟體的時候形成全視角內容呢？舉一個例子，在南唐時期有一位畫家顧閎中，畫過一幅〈韓熙載夜宴圖〉，以連環長卷的方式描摹了南唐巨宦韓熙載家開宴行樂的場景，如圖 2-6 所示。

圖 2-6　〈韓熙載夜宴圖〉

　　這幅畫採取了傳統的構圖方式，打破了時間概念，把不同時間中進行的活動，安排在同一個畫面中。但即使把這幅作品捲成圓筒，人站在圓筒中間看，也無法得到身臨其境的感覺。因為你會發現，自己的頭頂和腳下都是空白的，並且圖形之間也有明顯的接縫，缺少了虛擬實境所需的沉浸感。

　　再舉一個例子，我們小時候學習地理，家裡經常會貼一張世界地圖，但你是否發現，它卻符合一張全景圖片需要的全部條件。當我們將它捲起來時，它可以形成一個完整的球狀，為位於球中心的人提供 360°的全景視覺，如圖 2-7 所示。

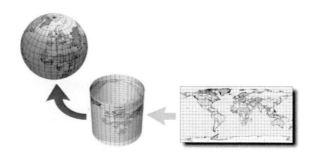

圖 2-7 世界地圖

　　因此，一張符合虛擬實境要求的全景圖片，除了在水平方向的經度要滿足 360°外，在垂直方向，也就是緯度，也要滿足 180°的要求。這樣，當畫面捲成圓筒模擬環境時，才能使畫面對應的物理空間視域達到全包圍的程度，呈現出 3D 立體的空間感覺。

　　像這種能夠正確的展開全物理視域的真實場景到一張 2D 圖片上，並且能夠還原到 VR 眼鏡中，實現沉浸式觀看的數學過程，就叫做「全景投影」（Projection）。

　　全景投影可以分為實景虛擬和靜態圖像虛擬兩種。

　　全景虛擬實境（也稱實景虛擬）是基於全景圖像的真實場景虛擬實境技術，它透過電腦技術實現全方位互動式觀看真實場景的還原展示。在播放外掛程式（通常 Java 或 Quicktime、Activex、Flash）的支援下，使用滑鼠控制環視的方向，可左、可右、可近、可遠。使觀眾感到處在現場環境當中，好像在一個窗口瀏覽外面的大好風光（如圖 2-8 所示）。

圖 2-8 實景虛擬

　　而基於靜態圖像的虛擬全景技術，是一種在微電腦平臺上能夠實現的初階虛擬實境技術。它具有開發成本低廉，但應用又很廣泛的特點，因此越來越受到人們的注意。特別是隨著網路技術的發展，其優越性更加突出。它改變了傳統網路平臺的特點，讓人們在網路上能夠進行 360° 全景觀察，而且透過互動操作，可以實現自由瀏覽，從而體驗 3D 的虛擬實境視覺世界。

2.1.2　顯示技術

　　要了解顯示技術，我們先來看看物體是如何在人眼中成像的吧！

　　從物理課本中我們知道，在光學中，由實際光線匯聚成的像，稱為實像；如果光束是發散的，那麼就是實際光線的反向延長線的交點就叫做物體的「虛像」。分辨實像與虛像的區別便是所謂的「正立」和「倒立」，即「相對於原像而言，實像都是倒立的，而虛像都是正立的」。平面鏡、凸面鏡和凹透鏡所成的三種虛像都是正立的；而凹面鏡和凸透鏡所成的實像，以及小孔成像中所成的實像，無一例外都是倒立的。

　　而如圖 2-9 所示，我們人眼的結構相當於一個凸透鏡，外界的物體（如蠟燭）經過角膜和晶狀體的聚焦後，會在視網膜上形成一個倒立的實像，然後在視網膜上的感光細胞（視錐和視桿細胞）受光的刺激後，經過一系列的物理化學變化，轉換成

神經衝動，由視神經傳入大腦層的視覺中樞，最後我們就能看見物體了。經過大腦皮層的綜合分析，產生視覺，人就看清了景物（正立的立體像）。對於正常人的眼睛，當物體遠離眼睛時，晶狀體會變薄，而當物體靠近眼睛時，晶狀體會變厚，這樣就可以對焦距進行調整，保證成像的清晰度了。

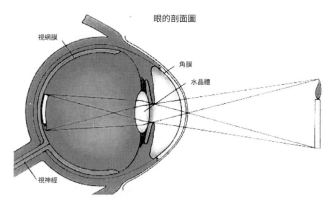

圖 2-9 人眼成像圖

而人看周圍的世界時，由於兩隻眼睛的位置不同，得到的圖像也會略有不同。說到這裡，你可能會發現之前所說的 360°全景內容似乎忽略了一點：把這些圖片放在電腦或者網頁端去觀看沒有任何問題，但是如果要將這樣的內容輸入到 VR 頭盔顯示器上，則看到的景象會產生偏差，立體感不足。為了將畫面賦予立體感並呈現到人眼中，我們提供的內容必須採用左右眼水平分隔顯示的模式（如圖 2-10 所示）。

圖 2-10 水平分隔顯示

　　我們可以從圖 2-10 中看到，左右兩邊分別截取了一部分視野，如圖 2-11 所示，你會發現左右兩眼所呈現的圖片內容是有所偏移的，這是因為人的雙眼是存在一定視角差的。例如，當你用一隻手分別遮住自己的左、右眼，然後去看同一位置上的同一物體，你會發現你所看到的圖像內容似乎有所偏移；而當左右兩隻眼睛的圖像融合起來，再透過大腦的運算就可以得到立體的感受。景物距離人眼越近，這種視差就越明顯，遠處的景物則相對沒有很強的立體感。

圖 2-11 雙眼各自所看到的圖像

　　因此，利用人的雙眼存在視覺差的這一特點，專家們製作出了可以表現圖像立體感的顯示器。例如，有的系統採用單個顯示器，當使用者帶上特殊的眼鏡後，一隻眼睛只能看到奇數幀圖像，另一隻眼睛只能看到偶數幀圖像，奇、偶幀之間的不同產生了立體感（我們平時見到的影片，實際上是一張張圖片疊加出來的，奇數幀是第 1、3、5、7……張圖片，偶數幀則是第 2、4、6、8……張圖片）。

　　除了要有立體感外，在虛擬實境中和一般圖像顯示不同的是，虛擬實境要求顯示的圖像要能隨觀察者眼睛位置的變化而變化，並且能快速生成圖像以獲得即時感。因為只有這樣，虛擬實境帶來的真實感才會更強。例如，製作動畫時不要求即時，為了保證品質，每幅畫面生成需要多長時間不受限制。而虛擬實境則要求在使用者轉頭或行走的同時，能看到畫面的轉變，所以它生成畫面的速度通常為 30 幀／秒。有了這樣的圖像生成能力，再配以適當的音響效果，即可使人有身臨其境的感受。

2.1.3　人體工學技術

　　人體工學也叫人機工程學、人類工效學、人因工程學、人因學等。它主要用於研究人在某種工作中，解剖學、生理學、心理學等方面的各種因素對工作的影響，研究人與機器及環境的相互作用，如何在工作中、生活中統一考慮工作效率、人的健康、安全和舒適等問題，即處理好「人 ── 機 ── 環境」

的協調關係。人體工學可以用來測量人使用電腦時的坐姿及電腦和椅子的擺放和設計等問題，使電腦桌與椅子能夠為人使用電腦提供更舒適的環境，如圖 2-12 所示。

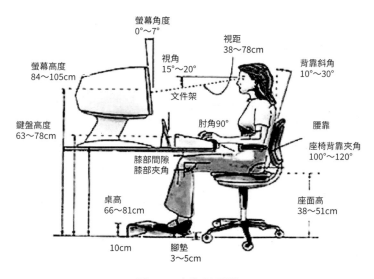

圖 2-12 人使用電腦

我們現在所處的社會，幾乎所有工作都會用到電腦，人們也逐漸意識到長期坐在電腦桌前，對自己的身體會造成一定的影響，如患上頸椎病等，與此類似，過度的沉迷於 VR 眼鏡也會對身體產生很多的負面影響，例如噁心、眩暈等，並且虛擬實境技術所帶來的沉浸感，也很容易影響到使用者對現實環境的判斷，在一些特殊的情況下會讓使用者失去平衡，甚至摔倒。

因此在虛擬實境的互動設計中，雖然設計師不是在設計一個真實的物理界面，設計師的任務也有所差別。當設計師在創造某種手勢或動作互動體系時，必須考慮如何說服使用者來進行這些互動，同時也要考慮這些互動是否有帶來危害或危險的可能性。此外，設計師也必須看到他們所設計的互動是否存在讓人疲勞的因子，以及思考如何讓這些互動能夠在更加舒適的位置進行。基於以上這些，人體工學便被運用到了虛擬實境中來。

喜愛玩遊戲的男生們都知道，如果使用手把玩遊戲，按鍵更多、更緊湊，節奏感會更強，因此對於 VR 遊戲來說，手把的重要性不言而喻。Oculus Touch（如圖 2-13 所示）可以稱得上是 VR 遊戲手把中的標竿了。它在設計的過程中一直將人手作為重要因素之一，使手握 Touch 的全程不會有一點不適感，而且也毫不妨礙你的身體做出一些創造性，卻又符合自然的動作，你的手指會自然的落在對應的按鍵和操縱桿上，即使對新手來說，也會很容易上手，很容易明白如何使用這個設備。

圖 2-13 Oculus Touch 手把

第 2 章　夢境前哨早知道

　　雖然現在 PC 端頭戴式顯示設備依靠電腦強大的硬體性能，可以達到很好的沉浸體驗，但有線束縛是目前技術還無法解決的問題。而且價格方面，PC 端頭戴式顯示設備也不是一般消費者可承受的。另外像 Google Cardboard（即 Google 於 2014年推出的一款廉價的虛擬實境設備，外部結構用紙板製成，可以讓 Android 手機變身虛擬實境設備，如圖 2-14 所示）這類低階的頭戴式顯示設備又明顯不能滿足遊戲和觀影的需求。如何才能在節省成本的情況下精化 VR 設備呢？人體工學給出了完美的答案。

圖 2-14 Google Cardboard

　　就在 2015 年，採用人機工學貼合佩戴設計的首款一體機設備 Simlens 開始發售，如圖 2-15 所示，雖然它從外觀上看與一般 VR 眼鏡設計是一樣的，但它卻是集運算能力、顯示處理單元的能力、位置追蹤能力於一體的完整的虛擬實境設備。並且貼合佩戴設計使眼部空間更大，產品具備 120°廣角視角，色彩還原 99％，更新率為 60Hz。使用者在使用該設備時，可以不

受時空限制進行無線操作。目前，使用者能使用 Simlens 體驗的遊戲是獨立開發的飛機遊戲類 FPS 與飛機跑酷。

圖 2-15 Simlens 眼鏡

　　隨著行動商品使用者的增加，如何在行動終端吸引使用者體驗虛擬實境，也引來了不少網際網路龍頭和創業公司的加入。其中，捷斯納率先推出了旗下首款虛擬實境產品 —— FIT BOX，如圖 2-16 所示。FIT BOX 是一款以手機為主的 VR 頭盔，在設計上結合了人體工學，在常規的頭戴基礎上，重新設計位置，減輕了鼻梁和臉的負重，讓使用者體驗更舒服。

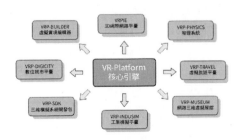

圖 2-16 FIT BOX 眼鏡

　　此外，虛擬實境技術與人體工學設計相結合，還可運用在汽車生產，如圖 2-17 所示。福特讓每輛車在發表前要做平均 900 個虛擬裝配任務的研究，研究團隊使用全身動作捕捉技術追蹤每個員工手臂、背部、腿和軀幹的平衡和受力，3D 列印技術用於確認間隙大小不同的手的握力點，再透過收集資料和使用電腦模型來預測裝配工作中的身體碰撞。透過測量每名生產線上的工人，幫助判斷運動可能會導致的過度疲勞、勞損或受傷，最後再用沉浸式虛擬實境技術提供額外的一次可行性評估。

圖 2-17 虛擬實境技術為汽車生產提供可行性評估

　　迄今為止，福特的生物工程學家在全球超過 100 輛新車上進行過相關測試，改良減少了 90% 的過度動作、難以解決的問題和難以安裝零件的問題，並且減少了 70% 的工傷率。

2.1.4　體感互動技術

　　「體感」就是指人體的感知能力，體感技術的運用在於人們可以很直接的使用肢體動作，而無須使用任何繁雜的控制設備，便可以與周邊的裝置或環境互動。例如，在 2013 年，幾乎所有的電視廠商都把體感技術作為一大賣點。如圖 2-18 所示，當你站在一臺電視前方，假使有某個體感設備可以偵測你手部的動作，此時若是我們將手部分別向上、向下、向左及向右揮，便可以控制電視節目的快轉、倒轉、暫停以及終止等功能，或者是將此 4 個動作直接對應於遊戲角色的反應，如我們經常可以見到的跳舞機等，便是體感遊戲的典型代表。

圖 2-18 體感電視

　　隨著數位化體驗時代的不斷發展，體感互動作為一種自然的人機互動方式越來越受到人們的重視。與現實世界的互動不同的是，虛擬實境互動是虛擬的，它透過模擬一個與現實別無二致的場景，讓使用者可以透過設備（如 VR 頭盔、VR 眼鏡

等）融入這個場景，運用體感互動透過多種技術手法，把虛擬平臺與現實平臺相結合，讓使用者在這個場景裡具備真實的視覺、聽覺、嗅覺、知覺等感知能力。同時，場景的任何事物都能按照基本物理原則運行（即如果你用力捏場景中的紙杯，那麼紙杯會根據你捏的力度和角度發生變形）。

體感互動技術的原理是：首先利用電腦圖學技術，把體感傳感設備採集的深度資料轉化為骨骼節點資料，再把這些資料導入到虛擬實境平臺上，最終在這個平臺上，人們可以透過肢體動作實現與 3D 虛擬世界的互動。

支援體感互動的 VR 設備能有效降低暈動症的發生機率，並大大增強沉浸感，其中最關鍵的就是可以讓使用者的身體與虛擬世界中的各種場景互動。在體感互動技術中又可以細分出各種類別及產品，例如體感座椅、體感服裝、空間定位技術、動作捕捉技術等。

2016 年，美國廠商 Praevidi 展示了全新的 Turris 虛擬實境座椅，如圖 2-19 所示，它是一款內建電腦方位追蹤感測器的電動椅子，使用者坐在上面便可以控制虛擬實境遊戲中人物的動作，伴隨著你坐在 Turris 之上的前俯後仰、左右搖擺，在虛擬世界中的人物角色，則會相應的向前後左右移動。

圖 2-19 體感座椅

　　來自蘇格蘭的一家叫做 Tesla Suit 的新創公司，正在研發一種一整套的覆蓋全身的虛擬實境體感外套──Teslasuit 體感外套，如圖 2-20 所示。意在將整個人體向虛擬世界的滲透，它可以模擬人真實的觸覺體驗，不僅能看到和聽到虛擬世界中的畫面、聲音，還能逼真的觸摸到物品。它由一套全身設備組成，總控制中心是一條叫做 T-Belt 的腰帶，搭載一顆四核心 1GHz 處理器、1GB 記憶體和一顆 10000mAh 電池，另外還包括諸如手套、背心、褲子等。穿戴上這套裝備後，感受就會以電脈衝的形式經由神經系統傳遞到大腦，人即可感受到虛擬世界中的風的流動，或爆炸的衝擊等真實感受。為了能夠像身體母語一樣逼真感受到虛擬世界，這套 Teslasuit 裝備將會由一種特殊的智慧織物和外部感應環組成，衣物上面有非常多的小節

點及溫度感應器，所以可直接透過脈衝電流讓皮膚產生相應的
感覺，你還能夠切身體會感覺到虛擬環境的變化，而智慧織物
會做成像一套貼身衣物的裝備，從而讓人們進入到虛擬實境的
系統中。

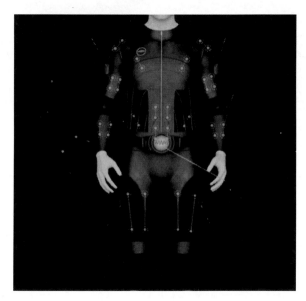

圖 2-20 Teslasuit 體感外套

目前，在市場上常見的空間定位技術和動作捕捉技術共有 5
種，具體介紹如下。

雷射定位技術

雷射定位技術的基本原理就是在空間內安裝數個可發射雷射的裝置，對空間發射橫、豎兩個方向掃射的雷射，被定位的物體上放置了多個雷射感應接收器，透過計算兩束光線到達定位物體的角度差，從而得到物體的 3D 座標，物體在移動時，3D 座標也會跟著變化，便得到了動作資訊，完成動作的捕捉。

代表：HTC Vive-Lighthouse 定位技術，如圖 2-21 所示。

圖 2-21 HTC Vive-Lighthouse 定位技術

HTC Vive 的 Lighthouse 定位技術，就是靠雷射和光感測器來確定運動物體的位置的，透過在空間對角線上安裝兩個大概 2 公尺高的「燈塔」，燈塔每秒能發出 6 次雷射束，內有兩個掃描模組，分別在水平和垂直方向輪流對空間發射掃描雷射。

HTC Vive 的頭戴式顯示設備和兩個手把上安裝有多達 70 個光感測器，其透過運算接收雷射的時間來得到感測器位置相

對於雷射發射器的準確位置，利用頭戴式顯示設備和手把上不同位置的多個光感測器，從而得出頭戴式顯示設備和手把的位置及方向。

- **優點**：雷射定位技術的優勢在於，相對其他定位技術來說其成本較低，定位精度高，不會因為遮擋而無法定位，寬容度高，也避免了複雜的程式運算，所以反應速度極快，幾乎無延遲，同時可支援多個目標定位，可移動範圍廣。
- **缺點**：其不足之處是，利用機械方式來控制雷射掃描，穩定性和耐用性較差，例如在使用 HTC Vive 時，如果燈塔抖動嚴重，可能會導致無法定位，隨著使用時間的加長，機械結構磨損也會導致定位失靈等故障。

紅外光學定位技術

　　這種技術的基本原理是透過在空間內安裝多個紅外線發射攝影鏡頭，從而對整個空間進行涵蓋拍攝，被定位的物體表面則安裝了紅外反光點，攝影鏡頭發出的紅外線再經反光點反射，隨後捕捉到這些經反射的紅外線，配合多個攝影鏡頭工作再透過後續程式運算後，便能得到被定位物體的空間座標，如圖 2-22 所示。

圖 2-22 紅外光學定位技術

代表：Oculus Rift 主動式紅外光學定位技術＋九軸定位系統，如圖 2-23 所示。

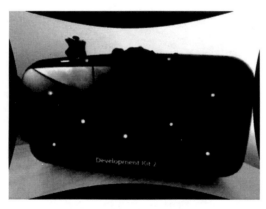

圖 2-23 Oculus Rift 主動式紅外光學定位技術＋九軸定位系統

與上述描述的紅外光學定位技術不同的是，Oculus Rift 採用的是主動式紅外光學定位技術，其頭戴式顯示設備和手把上放置的並非紅外反光點，而是可以發出紅外線的「紅外燈」。

然後利用兩部攝影機進行拍攝，需要注意的是，這兩部攝影機加裝了紅外線濾波片，所以攝影機能捕捉到的僅有頭戴式顯示設備和手把上發出的紅外線，隨後再利用程式運算，得到頭戴式顯示設備和手把的空間座標。

相比紅外光學定位技術利用攝影鏡頭發出的紅外線再經由被追蹤物體的反射獲取紅外線，Oculus Rift 的主動式紅外光學定位技術，如圖 2-24 所示，則直接在被追蹤物體上安裝紅外發射器發出的紅外線被攝影鏡頭獲取。

圖 2-24 Oculus Rift 的主動式紅外光學定位技術

另外 Oculus Rift 上還內建了九軸感測器，其作用是當紅外光學定位發生遮擋或者模糊時，能利用九軸感測器來計算設備的空間位置資訊，從而獲得更高精度的定位資訊。

· **優點**：標準的紅外光學定位技術同樣有著非常高的定位精度，而且延遲率也很低，不足的是這全套設備加起來成本非常高，而且使用起來很麻煩，需要在空間內建立非常多的攝

影機，所以該技術目前一般為商業使用。

而 Oculus Rift 的主動式紅外光學定位技術＋九軸定位系統則大大降低了紅外光學定位技術的複雜程度，其不用在攝影鏡頭上安裝紅外發射器，也不用散布太多的攝影鏡頭（只有兩個），使用起來很方便，同時相對 HTC Vive 的燈塔也有著很長的使用壽命。

· **缺點：** 其不足在於，由於攝影鏡頭的視角有限，Oculus Rift 不能在太大的活動範圍使用，可互動的面積大概為 1.5 公尺 ×1.5 公尺，此外也不支援太多物體的定位。

可見光定位技術

可見光定位技術的原理和紅外光學定位技術相似，同樣採用攝影鏡頭捕捉被追蹤物體的位置資訊，只是其不再利用紅外線，而是直接利用可見光，在不同的被追蹤物體上安裝能發出不同顏色的發光燈，攝影鏡頭捕捉到這些顏色光點後，從而區分不同的被追蹤物體及位置資訊，如圖 2-25 所示。

圖 2-25 可見光定位技術

代表：PS VR，如圖 2-26 所示。

圖 2-26 SONY 的 PS VR

SONY 的 PS VR 採用的便是上述這種技術，很多人以為 PS VR 頭戴式顯示設備上發出的藍光只是裝飾用，實際是用於被攝影鏡頭獲取，從而計算位置資訊，而兩個體感手把則分別帶有可發出天藍色和粉紅色光的燈，之後利用雙目攝影鏡頭獲取到這些燈光資訊後，便能計算出光球的空間座標。

· **優點**：相比前面兩種技術，可見光定位技術的造價成本最低，而且無須後續複雜的算法，技術實現難度不大，這也就是為什麼 PS VR 能賣得這麼便宜的其中一個原因，而且靈敏度很高，穩定性和耐用性強，是最容易普及的一種方案。
· **缺點**：其不足之處是，這種技術定位精度相對較差，抗遮擋性差，如果燈光被遮擋則位置資訊無法確認。而且對環境也有一定的使用限制，假如周圍光線太強，燈光被削弱，可能

無法定位，如果使用空間有相同色光則可能導致定位錯亂。同時也由於攝影鏡頭視角原因，可移動範圍小，燈光數量有限，可追蹤目標不多。

電腦視覺動作捕捉技術

這項技術基於電腦視覺原理，其由多個高速相機從不同角度對運動目標進行拍攝，當目標的運動軌跡被多部攝影機獲取後，透過後續程式的運算，便能在電腦中得到目標的軌跡資訊，也就完成了動作的捕捉，如圖 2-27 所示。

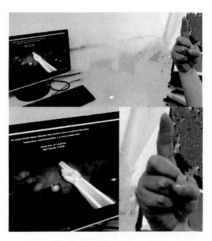

圖 2-27 電腦視覺動作捕捉技術

代表：Leap Motion 手勢辨識技術，如圖 2-28 所示。

圖 2-28 Leap Motion 手勢辨識

　　Leap Motion 在虛擬實境應用中的手勢辨識技術便利用了上述的技術原理，其在 VR 頭戴式顯示設備前部安裝兩個攝影鏡頭，利用雙目立體視覺成像原理，透過兩個攝影機來獲取包括 3D 位置在內的資訊，並進行手勢的動作捕捉和辨識，建立手部立體模型和運動軌跡，從而實現手部的體感互動。

- **優點**：採用這種技術的好處是，可以利用少量的攝影機對監測區域的多個目標進行動作捕捉，大物體定位精度高，同時被監測對象不需要穿戴和拿取任何定位設備，約束性小，更接近真實的體感互動體驗。
- **缺點**：其不足之處在於，需要龐大的程式運算量，對硬體設備有一定的配置要求，同時受外界環境影響大，例如環境光線昏暗、背景雜亂、有遮擋物等都無法理想的完成動作捕

捉。此外，捕捉的動作如果不是合理的攝影機視角，以及程式處理影響等，對於較精細的動作可能無法準確捕捉。

基於慣性感測器的動作捕捉技術

採用這種技術，被追蹤的目標需要在重要節點上佩戴加速度計、陀螺儀和磁力儀等慣性感測器設備，這是一整套的動作捕捉系統，需要多個元器件協力工作，其由慣性器件和資料處理單元組成，資料處理單元利用慣性器件採集到的運動學資訊，當目標在運動時，這些元器件的位置資訊被改變，從而得到目標運動的軌跡，之後再透過慣性導航原理完成運動目標的動作捕捉，如圖 2-29 所示。

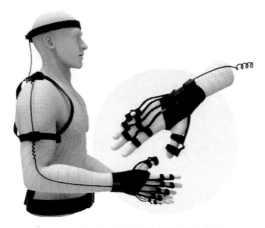

圖 2-29 慣性感測器的動作捕捉技術

代表：諾亦騰 -Perception Neuron，如圖 2-30 所示。

圖 2-30 諾亦騰 -Perception Neuron

Perception Neuron 是一套靈活的動作捕捉系統，使用者需要將這套設備穿戴在身體的相關部位上，例如手部捕捉需要戴一個「手套」。其子節點模組體積比硬幣還小，卻整合了加速度計、陀螺儀以及磁力儀的慣性測量感測器，之後便可以完成單臂、全身、手指等精巧動作及大動態的奔跑、跳躍等動作的捕捉，可以說其是上述的動作捕捉技術中可捕捉資訊量最大的一個，而且可以無線傳輸資料。

· **優點**：相比以上的動作捕捉技術，基於慣性感測器的動作捕捉技術受外界的影響小，不用在使用空間上安裝「燈塔」、攝影鏡頭等雜亂零件，而且可獲取的動作資訊量大、靈敏度高、動態性能好、可移動範圍廣，體感互動也完全接近真實的互動體驗。

· **缺點**：比較不足的是，需要將這套設備穿戴在身上，造成一定的累贅，同時由於感測器的運作，會散發一定的熱量。

2.2 虛擬實境的發展歷史

說到虛擬實境的發展歷史，它最早可以追溯到西元前 427 年的古希臘時代，當時的哲學家柏拉圖在提出「理念論」時，講了一個著名的「洞穴之喻」：「設想在一個地穴中有一批囚徒，他們自小待在那裡，被鎖鏈束縛，不能轉頭，只能看面前洞壁上的影子。在他們後上方有一堆火，有一條橫貫洞穴的小道，沿小道築有一堵矮牆，如同木偶戲的屏風。人們扛著各種器具走過牆後的小道，而火光則把透出牆的器具投影到囚徒面前的洞壁上。囚徒自然的認為影子是唯一真實的事物。如果他們當中的一個碰巧獲釋，轉過頭來看到了火光與物體，他最初會感到困惑，他的眼睛會感到痛苦，他甚至會認為影子比它們的原物更真實。」如圖 2-31 所示。

圖 2-31 洞穴之喻

這是目前業內認為關於虛擬實境最早的模糊性描述。但虛擬實境畢竟是一門技術，真正談它的歷史還要從 20 世紀初開

始，大體上可以分為四個階段：1963 年以前，有聲、形、動態的模擬是蘊涵虛擬實境想法的第一階段。1963 ～ 1972 年，虛擬實境技術的萌芽為第二階段。1973 ～ 1989 年，虛擬實境概念的產生和理論初步形成為第三階段。1990 年至今，虛擬實境理論進一步完善和應用為第四階段。

2.2.1
第一階段：虛擬實境技術的模糊幻想階段

關於「虛擬實境」這個詞的起源，目前最早可以追溯到 1938 年的法國劇作家的知名著作《戲劇及其重影》（*The Theatre and Its Double*），在這本書裡阿爾托（Antonin Artaud）將劇院描述為「虛擬實境」（La réalité virtuelle）。到了 1973 年，Myron Krurger 開始提出 Virtual Reality 的概念。但《牛津詞典》列舉的最早使用是在 1987 年的一篇題為〈*Virtual Reality*〉的文章（與今天的虛擬實境並沒有太大關係）。上面這些都有待考證，目前公認的現在所說的「虛擬實境」（Virtual Reality）是由美國 VPL 公司創始人拉尼爾（Jaron Lanier）在 1980 年代提出的，也叫「虛擬技術」或「虛擬環境」。

在 1962 年之前，「虛擬實境」還是以模糊幻想的形式見諸於各大文學作品中的。其中最為著名的是英國著名作家赫胥黎（Aldous Leonard Huxley）在 1932 年推出的長篇小說《美麗新世界》（*Brave New World*）（如圖 2-32 所示），這本以 26

世紀為背景，描寫了機械文明的未來社會中，人們的生活場景的書，書中提到「頭戴式設備可以為觀眾提供圖像、氣味、聲音等一系列的感官體驗，以便讓觀眾能夠更加沉浸在電影的世界中」。三年之後的 1935 年，美國著名科幻小說家史坦利·溫鮑姆（Stanley G. Weinbaum）發表了小說《皮格馬利翁的眼鏡》（*Pygmalion's spectacles*），書中提到一個叫阿爾伯特·路德維奇的精靈族教授發明了一副眼鏡，戴上這副眼鏡後，就能進入電影當中，「看到、聽到、嘗到、聞到和觸摸到各種東西。你就在故事當中，能與故事中的人物交流。你就是這個故事的主角」。這兩篇小說是目前公認的對「沉浸式體驗」的最初描寫，書中提到的設備預言了今天的 VR 頭盔。

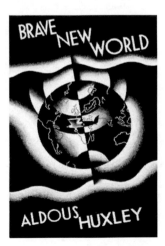

圖 2-32 《美麗新世界》

雖然在書中並沒有關於這款設備的具體稱呼，但以今天的視角來看這顯然是一款虛擬實境設備，如果將 1932 年設定為幻想的原點，那這意味著虛擬實境從幻想走入大眾市場花了 84 年，足足四代人的時間，而書中所描繪的這款頭戴式設備的原型圖，如圖 2-33 所示，直到 23 年後的 1955 年才由攝影師莫頓‧海利希（Morton Heilig）設計出來。

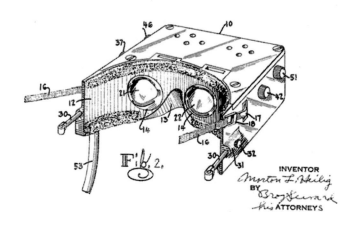

圖 2-33 莫頓‧海利希設計出的原型圖

2.2.2　第二階段：虛擬實境技術的萌芽

有資料顯示，1956 年，具有多感官體驗的立體電影系統 Sensorama 就已經被開發。但目前的多方面資料認為，莫頓‧海利希最早於 1960 年獲得了名為 Telesphere Mask 的專利，這個專利圖片看起來跟今天的 VR 頭戴式顯示設備差不多。到

了 1967 年，莫頓・海利希又構造了一個多感知仿環境的虛擬實境系統，這套被稱為 Sensorama Simulator 的系統可能是歷史上第一套 VR 系統，如圖 2-34 所示。從莫頓・海利希開始，虛擬實境繼續在文學領域發酵，同時也有科學家開始介入研究。

圖 2-34 Sensorama Simulator 系統

1963 年，未來學家雨果・根斯巴克（Hugo Gernsback）在《*Life*》雜誌的一篇文章中探討了他的發明 —— Teleyeglasses，據說這是他在 30 年以前所構思的一款頭戴式的電視收看設備，使 VR 設備有了更加具體的名字：Teleyeglasses。這個再造詞的意思是這款設備由電視＋眼睛＋眼鏡組成，如圖 2-35 所示。離今天所說的虛擬實境技術差別還有點大，但已經埋下了這個領域的種子。到了 1965 年，美國科學家伊凡・蘇澤蘭（Ivan Edward Sutherland）提出感覺真實、互動真實的人機合作新理論，不久之後，美國空軍開始用虛擬實境技術來做飛行模擬。

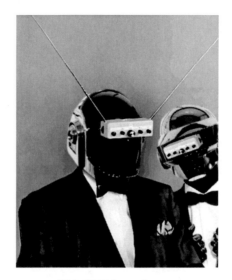

圖 2-35 Teleyeglasses

　　隨後為了實踐自己的理論，伊凡·蘇澤蘭在 1968 年研發出視覺沉浸的頭盔式立體顯示器和頭部位置追蹤系統，同時在第二年開發了一款終極顯示器，該立體視覺系統被稱為「達摩克利斯之劍」，如圖 2-36 所示。從資料圖來看，「達摩克利斯之劍」跟今天的 VR 設備很像，但受制於當時的大環境，這個東西跟前面兩位的發明一樣都分量十足，要連接的外部配件特別多。伊凡·蘇澤蘭的論文和一個簡單的虛擬世界是具有初始意義的虛擬實境技術，也正是虛擬實境技術的萌芽。由於在圖形方面的顯示和互動，因此人們稱他為「計算機圖形學之父」。

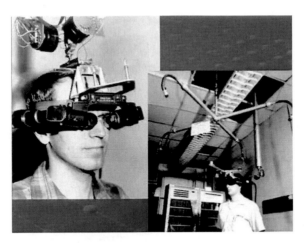

圖 2-36 「達摩克利斯之劍」立體視覺系統

　　此階段也是虛擬實境技術的探索階段，為虛擬實境技術的基本思維產生和理論發展奠定了基礎。經過這幾個人的努力，虛擬實境技術終於從科幻小說中走出來，面向現實，並開始出現了實物的雛形。

2.2.3
第三階段：虛擬實境概念和理論的初步形成

　　在1973年，Myron Krurger 提出 Virtual Reality 概念後，對於這個概念的注意開始逐漸增多。關於虛擬實境的幻想從小說延伸到電影。1981 年科幻小說家弗諾 · 文奇（Vernor Steffen Vinge）的中篇小說《真名實姓 》（*True Names*）和 1984 年威廉 · 吉布森（William Ford Gibson）出版的重要科幻小說《神經喚

術士》（*Neuromancer*，如圖 2-37 所示），都有關於虛擬實境的
描述。而在 1982 年，由史蒂芬‧李斯柏格（Steven Lisberger）
執導，傑夫‧布里吉（Jeffrey Leon Bridges）等人主演的一部
劇情片《電子世界爭霸戰》（*Tron*）上映，該電影將虛擬實境第
一次帶給了大眾，對後來的類似題材影響深遠。

圖 2-37 《神經漫遊者》，又名《神經喚術士》

　　在整個 1980 年代，美國科技圈開始掀起一股虛擬實境熱，
虛擬實境甚至出現在了《科學美國人》（*Scientific American*）雜
誌的封面上。1983 年，美國國防部高級研究計畫署（DARPA）

與陸軍共同制訂了仿真網路（SIMNET）計畫，開始研究外層空間環境。1984 年，NASA Ames 研究中心虛擬行星探測實驗室的 M. Mc Greevy 和 J. Humphries 博士開發了虛擬環境視覺顯示器用於火星探測，將探測器發回地面的資料輸入電腦，構造了火星表面的 3D 虛擬環境，這款為 NASA 服務的虛擬實境設備叫 VIVEDVR，如圖 2-38 所示，能在訓練的時候幫助太空人增強太空工作的臨場感。之後 NASA 又投入了資金對虛擬實境技術進行研究和開發，像非接觸式的追蹤器。1985 年以後（1989 年），由於 Fisher 的加盟，在 Jaron Lanier 的介面程式基礎上做了進一步的研究。隨後在虛擬互動環境工作站（VIEW）專案中，他們又開發了通用多傳感個人仿真器等設備。

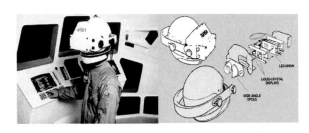

圖 2-38 VIVEDVR

1986 年，「虛擬工作臺」這個概念也被提出，裸視 3D 立體顯示器開始被研發出來。1987 年，任天堂遊戲公司推出了 Famicom 3D System 眼鏡，使用主動式快門技術，透過轉接器連接任天堂電視遊戲機使用，比其最知名的 Virtual Boy 早了近十年。

但在 1980 年代最為著名的，莫過於 VPL Research。這家虛擬實境公司由虛擬實境先行者杰倫‧拉尼爾在 1984 年創辦，隨後推出一系列虛擬實境產品，包括 VR 手套 Data Glove、VR 頭戴式顯示設備 Eye Phone、環繞音響系統 Audio Sphere、3D 引擎 Issac、VR 操作系統 Body Electric 等。並再次提出 Virtual Reality 這個詞，得到了大家的正式認可和使用。儘管這些產品價格昂貴，但杰倫‧拉尼爾的 VPL Research 公司是第一家將虛擬實境設備推向大眾市場的公司，因此他被稱為「虛擬實境之父」並載入了史冊。

2.2.4
第四階段：虛擬實境理論的完善和全面應用

到了 1990 年代，虛擬實境熱潮開啟第一波的全球性蔓延。1992 年，隨著虛擬實境電影《割草人》（*The Lawnmower Man*）的上映，虛擬實境在當時的大眾市場引發了一個小小的討論潮，並直接促進街機遊戲的短暫繁榮。美國著名的科幻小說家尼爾‧史蒂文森（Neal Town Stephenson）的虛擬實境小說《雪崩》（*Snow Crash*）也在這一年出版，掀起了 1990 年代的虛擬實境文化的小浪潮。從 1992 年到 2002 年，前後至少有 6 部電影提到虛擬實境，或者乾脆就是一部虛擬實境電影。而最為著名的莫過於 1999 年上映的《駭客任務》（*The Matrix*，如圖 2-39 所示），被稱為最全面呈現虛擬實境場景的電影，它展

示了一個全新的世界，異常震撼的超人表現和逼真的世界，一直是虛擬實境行業夢寐以求的場景。

圖 2-39　《駭客任務》電影海報

　　除了電影的熱潮，在這段時間不少科技公司也在大力布局虛擬實境技術。1992 年，Sense8 公司開發 WTK 軟體開發套件，極大縮短虛擬實境系統的開發週期；1993 年，波音公司使用虛擬實境技術設計出波音 777 飛機，同年，SEGA 公司推出了 SEGA VR，1994 年 3 月在日內瓦召開的第一屆 WWW 大會上，首次正式提出了 VRML 這個名詞。虛擬實境建模語言出現，為圖形資料的網路傳輸和互動奠定基礎。1995 年，任天堂推出了當時最知名的遊戲外部設備之一「Virtual Boy」，但這款革命性的產品，由於太過於前衛得不到市場的認可。美國的 Jesse Eichenlaub 於 1986 年提出開發一個全新的 3D 可視系統，其目標是使觀察者不要那些立體眼鏡、頭戴式追蹤系統、頭盔等笨重的輔助設備也能達到同樣的 VR 視覺效果。經過十年，2D ／ 3D 轉換立體顯示器（DTI 3D display）問世，用肉

眼直接從虛擬視窗看到的小轎車好像從螢幕中開了出來（如圖 2-40 所示）。1998 年，SONY 也推出了一款類虛擬實境設備，聽起來很炫酷，但其改進的空間還很大。

圖 2-40 Elsa Ecomo4D 虛擬視窗

為了使虛擬實境技術得到廣泛的應用，三螢幕立體顯示（如圖 2-41 所示）問世，它使虛擬實境技術有了更廣泛的應用。由於 HMD（頭戴式可視設備）存在的一些缺點，一種多投影面沉浸式虛擬環境 CAVE 於 1992 年由 Defanti、Sandin 和 Cruz-Neira 等人提出，該技術由投影系統、使用者互動系統、圖形與計算系統組成。後來日本、德國相繼進行了研究，該系統由 4 面發展到 6 面。

圖 2-41 三螢幕立體顯示

　　在 21 世紀的第一個十年裡，手機產業和智慧型手機迎來爆發，虛擬實境彷彿被人遺忘。儘管在市場嘗試上不太樂觀，但人們從未停止在虛擬實境領域的研究和開拓。SONY 在這段時間推出了 3kg 重的頭盔，Sensics 公司也推出了高解析度、超寬視野的顯示設備 piSight（如圖 2-42 所示），還有其他公司也連續推出各類產品。由於虛擬實境技術在科技圈已經充分擴展，科學界與學術界對其越來越重視，虛擬實境技術在醫療、飛行、製造和軍事領域，開始得到深入的應用研究。

圖 2-42 piSight

　　2006 年，美國國防部就花了 2,000 多萬美元建立了一套虛擬世界的「城市決策培訓計畫」，專門讓相關工作人員進行模擬，一方面提高大家應對城市危機的能力，另一方面測試技術的水準。兩年後的 2008 年，美國南加州大學的臨床心理學家利用虛擬實境治療創傷後壓力症候群，透過開發一款《虛擬伊拉克》的治療遊戲（如圖 2-43 所示），幫助那些從伊拉克回來的軍人患者。這些例子都在證明，虛擬實境技術已經開始滲透到各個領域，並生根發芽。

圖 2-43 《虛擬伊拉克》遊戲

2012 年 8 月，19 歲的帕爾默‧拉奇（Palmer Freeman Luckey）把 Oculus Rift（如圖 2-44 所示）擺上了群眾募資平臺 Kickstarter 的貨架，短短的一個月左右就獲得了 9,522 名消費者的支持，獲得 243 萬美元的群募資金，使公司能夠順利進入開發、生產階段。兩年之後的 2014 年，Oculus 被網路龍頭 Facebook 以 20 億美元收購，該事件強烈刺激了科技圈和資本市場，沉寂了那麼多年的虛擬實境技術，終於迎來了爆發。

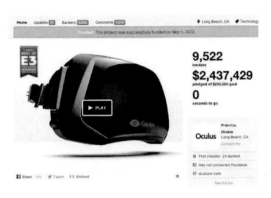

圖 2-44 Oculus Rift

第 2 章　夢境前哨早知道

在 2014 年，各大公司紛紛開始推出自己的 VR 產品，Google 放出了廉價易用的 Cardboard（如圖 2-45 所示），三星推出了 Gear VR 等，消費級的 VR 設備開始大量湧現。一位科技記者的一篇文章寫到：「得益於智慧型手機在近幾年的高速發展，VR 設備所需的感測器、液晶螢幕等零件價格降低，解決了量產和成本的問題。」短短幾年，全球的虛擬實境創業者迅速暴增，按照曾經是媒體人的一位中國創業家的說法，2014 年虛擬實境硬體企業就有 200 多家。

圖 2-45 Cardboard

虛擬實境技術雖然在硬體圈一直很熱門，但在 2015 年之前，都還沒有進入主流話題，導致這段時間很多新創的硬體公司融資失敗而倒閉了一大半。直到 2015 年年末，一份高盛的預測報告引爆了網路從業者的圈子。主流科技媒體再次把虛擬實境技術扶到了元年的位置上，虛擬實境正式成為焦點，由此拉開了轟轟烈烈的虛擬實境創業淘金運動。

在這一階段虛擬實境技術從研究階段轉向為應用階段，逐步開始廣泛運用到了科學研究、航空、醫學、軍事等人類生活的各個領域中。

2.3　虛擬實境的下一篇章

2016 年被很多人認為是虛擬實境元年，而也有部分人認為虛擬實境才剛剛掀起它的熱潮。不可否認，就近期來看，虛擬實境技術確實掀起了一波熱潮。但是虛擬實境也存在著很多侷限性，如對設備的螢幕解析度要求較高，好的設備價格相應的也比較高，無法實現平民化等。隨著虛擬實境技術的發展，VR 將成為過渡品，存在的主要意義是為立體內容、新型互動打基礎，並透過市場預熱帶動技術升級。未來將在 VR（虛擬實境）的基礎上，發展起 AR（擴增實境）及 MR（混合實境）這兩項技術，從而更加改變我們的生活。

2.3.1　AR

AR（Augmented Reality，擴增實境，如圖 2-46 所示）是 1990 年提出的概念，作為虛擬實境技術的進一步拓展，又被稱為「混合現實」、「擴增現實」或「增強型虛擬實境」（Augmented Virtual Reality），它是一種將真實世界資訊和

虛擬世界資訊「無縫」整合的新技術，是把原本在現實世界的一定時間空間範圍內很難體驗到的實體資訊（視覺、聲音、味道、觸覺等資訊），透過電腦等科學技術，模擬仿真後再疊加，將虛擬的資訊應用到真實世界，使真實的環境和虛擬的物體在同一個畫面或空間同時存在，被人類感官所感知，從感官和體驗效果上為使用者呈現出虛擬對象（Virtual Object）與真實環境融為一體的擴增實境環境。

圖 2-46 擴增實境

AR 系統的特點

　　整體來說，相較於 VR，AR 系統具有以下三個突出的特點。

■ **真實世界和虛擬的資訊整合**

　　真實世界和虛擬的資訊整合，即在現實的基礎上利用技術將這個我們肉眼看得到的、耳朵聽得見的、皮膚感知得到的、

身處的這個世界增添一層相關的、額外的虛擬內容。如在 2014 年，IKEA 出現了一組目錄，在這個目錄中，你可以下載一個 IKEA 的產品目錄 APP，然後把它調到 AR 模式，即可透過掃描目錄上的 IKEA 商標，將家具直接投影到你家的客廳內，如圖 2-47 所示。而且這個 APP 的最大特色在於，它可以根據周圍的家具尺寸自動調整大小，例如在桌子旁邊放上一把椅子，那麼虛擬的桌子就會自動調整到適合的尺寸，幫助你進行判斷。

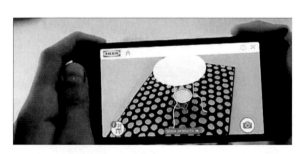

圖 2-47 IKEA 的 AR 投影

■ 具有即時互動性

AR 在互動性上甚至超過了 VR。VR 設備在使用時會遮擋使用者的視線，讓使用者只能在某些特定場所使用；而 AR 則不然，使用者在使用 AR 產品時，依然可以與外界環境保持互動。它不僅能回饋給使用者，還能融入使用者周圍的環境。儘管從技術上來說，AR 是包含 VR 的擴展集，但它對真實感知要求的起點卻是比 VR 低。例如，一個車載的抬頭數字顯示器為了準確顯現出夜晚行人的輪廓，並不需要對光線照射的精確仿真，

只需要予以高亮提示即可,這大大拓展了 AR 產品的使用範圍。

　　2015 年在雪鐵龍新車上市的發表會上,一家合作的專業新媒體服務商,為其量身打造手機陀螺儀重力感應趣味互動遊戲及 AR,增加現實互動(如圖 2-48 所示),只須將手持平板電腦的攝影鏡頭對準車型圖片,一輛活靈活現的汽車馬上出現在你的眼前,你可以透過點選「打開/關閉:車門/車窗/天窗」按鈕,進行內部查看,你也可以透過 360°自由旋轉查看汽車尾部、底部、前蓋板、輪胎等的情況,在了解車型的同時也為你帶來了極大的體驗樂趣。

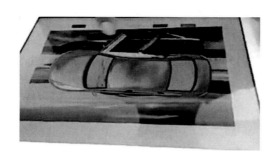

圖 2-48 雪鐵龍新車的 AR 互動

■ 在 3D 尺度空間中增添定位虛擬物體

　　一個 AR 系統需要由顯示技術、追蹤和定位技術、介面和視覺化技術、標定技術構成。追蹤和定位技術與標定技術共同完成對位置與方位的檢測,並將資料報告給 AR 系統,實現被追蹤對象在真實世界裡的座標與虛擬世界中的座標統一,達到讓虛擬物體與使用者環境無縫結合的目標。為了生成準確定位

資料，AR 系統需要進行大量的標定工作，測量值包括攝影機參數、視域範圍、感測器的偏移、對象定位以及變形等。

　　例如東京 Sunshine 水族館的代理公司博報堂，為了吸引路人關注 Sunshine 水族館，而開發了一款結合 AR 擴增實境技術 +GPS 位置定位技術的 APP，使用者在東京的任何地點打開 APP，就會有水族館可愛的企鵝為使用者導航，指引使用者到水族館參觀，讓無聊的地圖導航變得有趣、可愛，如圖 2-49 所示。

圖 2-49 結合 AR 擴增實境技術 +GPS 位置定位技術的 APP

　　如果說 VR 等於虛擬世界，那麼 AR 則等於真實世界 + 數位化資訊。簡單來說，虛擬實境（VR）看到的場景和人物全是假的，是把你的意識帶入一個虛擬的世界；而在擴增實境（AR）中，使用者看到的場景和人物則是半真半假的，是把虛擬的資訊帶入到現實世界中。

AR 與 VR 的主要區別

AR 與 VR 的區別主要表現在互動區別和技術區別方面。

■ 互動區別

因為 VR 是純虛擬場景，所以 VR 裝備多數用於使用者與虛擬場景的互動交流，更常使用的是：位置追蹤器、數位手套（5DT 之類的）、動作捕捉系統、數據頭盔等。而由於 AR 是現實場景和虛擬場景的結合，如圖 2-50 所示，所以 AR 設備基本上都需要攝影鏡頭，在攝影鏡頭拍攝的畫面基礎上，結合虛擬畫面進行展示和互動，例如 GOOGLE GLASS（其實嚴格來說，iPad、手機等這些帶攝影鏡頭的智慧型產品都可以用於 AR，只要安裝 AR 的軟體就可以了）。

圖 2-50 AR 是現實場景和虛擬場景的結合

■ 技術區別

類似於遊戲製作，VR 創作出一個虛擬場景供人體驗，其核心是圖形的各項技術的發揮。我們接觸最多的就是應用在遊戲上的虛擬實境技術，可以說是傳統遊戲娛樂設備的一個升級版，主要留意虛擬場景是否有良好的體驗，而與真實場景是否相關，他們並不關心。VR 設備往往是沉浸式的，典型的設備就是頭戴顯示器。

AR 應用了很多電腦視覺技術，AR 設備強調復原人類的視覺功能，例如自動去辨識追蹤物體，而不是讓使用者手動去指出；自主追蹤並且對周圍真實場景進行 3D 建模，而不是使用建模軟體照著場景做一個極為相似的模型。典型的 AR 設備就是普通手機，升級版如 Google Project Tango，如圖 2-51 所示。

圖 2-51 Google Project Tango

　　此外，由於動畫渲染技術可以把人類的一切想像展現出來，所以在應用方向上，VR 更趨於虛幻和感性，更容易應用於娛樂方向（為了更達到這個目的，VR 強調存在感或稱臨場感）；而基於光學 +3D 重構的 AR 技術主要是對真實世界的重現，所以 AR 更趨於現實和理性，更容易應用於比較嚴肅的方向，例如工作和培訓（為了更達到這個目的，AR 強調真實與虛擬的融合），兩者的對比如圖 2-52 所示。不過這並不意味著 VR 不適用於培訓。事實上，VR 能夠為培訓帶來更多元素，例如對天災人禍、重大事故的模擬；而 AR 更多應用於常規培訓。Google 眼鏡曾經試圖為現實場景疊加火災效果，但這顯然無法讓使用者認真對待，而戴上 VR 頭盔後則更容易讓使用者進入角色。

圖 2-52 VR 與 AR 在應用方向上的區別

　　事實上，VR 與 AR 在本質上是相通的，都是透過電腦技術建構 3D 場景並借助特定設備讓使用者感知，並支援互動操作的一種體驗。如果要賦予一致的定義，可以這樣來描述：透過電腦技術建構 3D 場景並借助特定設備讓使用者感知，並支援互動操作的一種體驗，但傳統 AR 技術運用稜鏡光學原理折射現實影像，視野不如 VR 視角大，清晰度也會受到影響。

　　從定義語中我們也可以看到，VR 與 AR 的共通性至少有兩點，即 3D 與互動。缺乏其中任何一點就不能稱為真正的 VR 或 AR。這也是為何部分學者把 VR、AR 視為一體的原因。

　　絕大多數人以為 AR 利用光學來重現場景很簡單，但事實上一項效果不錯的 AR 是一件很複雜的工作，需要電腦重建場景、辨識場景資訊，並在合適的位置表達出預先設定的虛擬元素，如圖 2-53 所示。如果還要支援互動，那麼對運算量和運算結果還有更高的要求。如果 AR 要達到完全沉浸的效果，其運算量更加龐大，僅僅依靠行動端性能遠遠無法滿足，所以現階段只能減少支援的場景大小 —— 這也是諸如 Google 眼鏡乃至微軟 HoloLens（MR）設備視野小的主要原因。

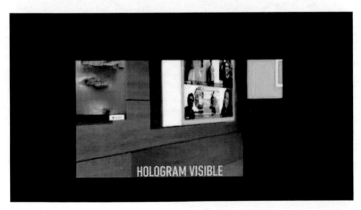

圖 2-53 AR 視野

　　很多汽車在其車載系統中加入了 AR 應用，例如，GMC 在其擋風玻璃上投射虛擬圖像，如圖 2-54 所示。用意是讓駕駛者

不需要低頭查看儀表的顯示與資料，始終保持抬頭的姿態，降低低頭與抬頭期間忽略外界環境的快速變化，以及眼睛焦距需要不斷調整產生的延遲與不適；或者幫助駕駛者更容易感知路況資訊，提高駕駛安全性。

圖 2-54 GMC 汽車在其擋風玻璃上投射虛擬圖像

實際上，智慧型手機中有很多 APP 都屬於 AR，但是人們往往不會都把它們稱為 AR。另外被 Facebook 收購的 MSQRD APP，還有 LINE Camera 等 APP，以及一些 LBS APP，也都使用了 AR 技術。當你打開 APP，把手機攝影鏡頭對著某棟大廈，手機螢幕上便會浮現這個大廈的相關資訊，例如名稱、樓層等。再如前段時間比較紅的 FaceU，也算是簡單的 AR 應用，它即時的捕捉使用者的照片，並把類似帽子、彩虹、兔子耳朵等這些虛擬資訊疊加於使用者的頭部，如圖 2-55 所示。

圖 2-55 FaceU 所拍的照片

　　現在比較為人熟知的手機 AR 產品，僅僅能夠實現簡單的 AR 效果，無法實現互動，所以嚴格意義上還不能叫做 AR。

2.3.2　MR

　　MR 即中介真實（Mediated Reality），與 VR、AR 同屬於擴增實境技術，是由「穿戴式裝置之父」多倫多大學教授史帝夫‧曼（Steve Mann）提出的新概念，它包括了擴增實境和增強虛擬，指的是合併現實和虛擬世界而產生的新的視覺化環境，即數位化現實＋虛擬數位畫面。

　　可以說，MR 是站在 VR 和 AR 兩者的肩膀上發展出來的混合技術形式，相當取巧，是一種既繼承了兩者的優點，同時也摒除了兩者大部分缺點的新興技術，MR 與 AR、VR 兩者的融合主要表現在渲染和光學 +3D 重構上，而它們唯一的共同點便是都具有即時互動性。即 MR ＝ VR+AR ＝真實世界＋虛擬世界＋數位化資訊，如圖 2-56 所示。

圖 2-56 VR、AR 與 MR 的區別與關聯

你可以戴著 MR 設備進行摩托車設計，現實世界中可能真的有一些組件在那裡，也可能沒有；也可以戴著 MR 設備在客廳玩遊戲，客廳就是你遊戲的地圖，同時又有一些虛擬的元素融入進來。總之，MR 設備提供給你的是一個混沌的世界：如數位模擬技術（顯示、聲音、觸覺）等，你根本感受不到兩者差異。正是因為這些混合實境技術才更有想像空間。

MR 除了可以表示中介真實（Mediated Reality）外，還可以用來表示混合實境（Mixed Reality），但是兩者在技術方面和應用方面都有一定的區別：在技術實現上，混合實境一般採用光學透視技術，在人的眼球上疊加虛擬圖像；在應用範圍上來看，混合實境是中介真實的一個子集，中介真實有著更為廣泛的應用領域，如圖 2-57 所示的虛線部分為混合實境，MR 為中介真實。

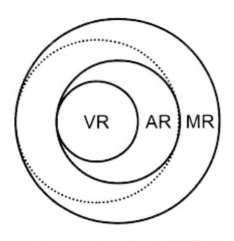

圖 2-57 VR、AR 和 MR 的關聯

　　在設備方面，微軟公司於 2015 年開發出的一種 MR 頭戴式顯示設備 HoloLens 和 Magic Leap 公司正在研發的產品，都可以稱得上是 MR 設備中的代表。HoloLens 是微軟公司 2015 年開發的一種 MR 頭戴式顯示設備，如圖 2-58 所示，能讓使用者在產品的使用中擁有良好的互動體驗，使用者可以很輕鬆的在現實場景中辨別出虛擬圖像，並對其發號施令。最典型的 MR 應用場景就是微軟在 HoloLense 發表會上展示的，使用者可以在自家的客廳裡大戰入侵的外星生物。

第 2 章　夢境前哨早知道

圖 2-58 使用者運用 HoloLens 在家中暢玩

　　並且，使用 HoloLens 的使用者仍然可以行走自如，隨意與人交談，全然不必擔心會撞到牆。眼鏡將會追蹤你的移動和視線，透過攝影鏡頭對室內物體進行觀察，因此設備可以得知桌子、椅子和其他物體的方位，然後其可以在這些物體表面甚至內部投射 3D 圖像，進而生成適當的虛擬對象，透過光線投射到你的眼中。因為設備知道你的方位，你可以透過手勢（目前只支援半空中抬起和放下手指）來與虛擬 3D 對象互動。各種感測器可以追蹤你在室內的移動，然後透過層疊的彩色鏡片創造出可以從不同角度互動的對象。此外，它還可以投射新聞資訊流、收看影片、查看天氣、輔助 3D 建模、協助模擬登陸火星場景、模擬遊戲等等。

　　Magic Leap 成立於 2011 年，是一家位於美國的擴增實境公司。Magic Leap 是一個類似微軟 HoloLens 的擴增實境平臺。它涉及視網膜投影技術，主要研發方向就是將 3D 圖像投射到人的視野中，如圖 2-59 所示。目前 Magic Leap 正在研發的

擴增實境產品可以簡單理解成 Google 眼鏡與 Oculus Rift 的一種結合體，但它還沒有推出過正式的產品，人們所看到的讓人吃驚的畫面也僅為概念影片，並不是我們所想像的裸眼 3D，因為影像是要投到介質上的，只能說是一個讓人驚豔的效果圖。關於 Magic Leap 的產品，Rony Abovitz 將它描述為一款小巧的獨立電腦，人們在公共場合也可以很自在的使用它。

圖 2-59 Magic Leap 官網宣傳圖

　　就 MR 的定義來看，或許會讓讀者感覺與 AR 十分接近，但其實兩者之間有兩點明顯的區別：一是虛擬物體的相對位置會否隨使用者而改變。第二則是使用者是否能明顯區分虛擬與現實的物品。

　　第一點，以 Google 眼鏡（屬於 AR 產品）為例，如圖 2-60所示，它透過投影的方式在眼前呈現天氣面板，當你的頭部轉動的時候，這個天氣面板都會隨之移動，跟眼睛之間的相對位置不變。反之，HoloLens（屬於 MR 產品）也有類似功能，當

HoloLens 在空間的牆上投影出天氣面板，無論在房間如何移動，天氣面板都會出現在固定位置的牆上，也就是所投影出的虛擬資訊與你之間的相對位置會改變。

圖 2-60 Google 眼鏡投影虛擬物體（左）與 HoloLens 的虛擬物體（右）

　　AR 與 MR 的第二點不同則在於投影出來的物體，在 AR 設備中能夠明顯被辨識，例如 MSQRD APP 中所呈現的虛擬效果。但是 Magic Leap 是向眼睛直接投射 4D 光場畫面，因此使用者無法在戴上 Magic Leap 時分辨出真實物體與虛擬物體，如圖 2-61 所示。

圖 2-61 Magic Leap

2.3.3　CR

　　CR（Cinematic Reality），是 Google 投資的 Magic Leap 提出的概念，指的是可以讓虛擬實境效果呈現出宛如電影特效的逼真效果。其自認為與 MR 不同，實際上理念是類似的，均是模糊物理世界與虛擬世界的邊界，所完成的任務、所應用的場景、所提供的內容，與 MR 產品是相似的。後期 Magic Leap 比較常用 MR 來歸類自家產品，再加上要實現 CR 效果，充滿更多現實中的挑戰，相關探討並不多。

　　CR ＝影像實境。這個技術的核心在於，透過光波傳導稜鏡設計，Magic Leap 從多角度將畫面直接投射於使用者的視網膜上，從而達到「欺騙」大腦的目的。也就是說，有別於透過螢幕投射顯示技術，透過這樣的技術，實現更加真實的影像，直接與視網膜互動，解決了 HoloLens 視野太窄或者眩暈等問題。說到底，只是 MR 技術的不同實現方式而已。

　　Google 看好 Magic Leap 說明該技術的特殊性，這與前面提到的視網膜投射相呼應。不過，Magic Leap 還會讓大家等多久，還沒有答案。

第 2 章　夢境前哨早知道

第 3 章　打開夢遊仙境的鑰匙

　　2010 年，迪士尼推出了一部以英國童話大師路易斯‧卡羅（Lewis Carroll）作品為靈感製作的 3D 立體電影《魔境夢遊》（*Alice in Wonderland*）。原著講述了一個名叫愛麗絲的女孩在兔子的帶領下，從兔子洞進入一處神奇國度，遇到許多會講話的生物，以及像人一樣活動的紙牌，最後發現原來是一場夢的故事。而電影則可以說是原著的續集，講的是十年後的愛麗絲重返夢境，審視自己的故事。我們經常把虛擬實境所營造出來的虛擬世界比喻為夢境，而在《魔境夢遊》這個故事裡，愛麗絲是透過喝下神奇的果汁來使自己變小從而進入了仙境之中。那麼對於現實生活中的我們來說，要透過什麼方式才能打開進入虛擬世界的大門呢？

　　本章將著重介紹製作及呈現虛擬實境所需要的基本設備，包括建模設備（如 3D 掃描儀、3ds Max 等）、3D 視覺顯示設備（如 VR 眼鏡、VR 頭盔等）、聲音設備（如 3D 的聲音系統及非傳統意義的立體聲等）、互動設備（包括力矩球、數位手套等）以及 3D 輸入設備（如 3D 滑鼠、動作捕捉設備、眼動儀、力回饋設備及其他互動設備）。讓讀者對這些設備有一個較為詳細的了解。

3.1　馬良的神「筆」── 建模設備

在中國古代，有一個〈神筆馬良〉的故事。

從前，有一個孩子名叫馬良。他的父母死得早，他就靠自己打柴、割草過日子。他從小喜歡學畫，可是他卻連一支筆也沒有。一天，他走過一個學館門口，看見學館裡的教師正拿著一枝筆在畫畫，他不自覺的走了進去，想問教師要枝筆，卻不料被教師嘲諷自己窮，並被趕了出來。

馬良是一個有志氣的孩子，他說：「我偏不相信，怎麼窮孩子連畫也不能學了！」從此，他下決心學畫，每天用心苦練。他到山上打柴時，就折一根樹枝，在沙地上學著畫飛鳥。他到河邊割草時，就用草根蘸著河水，在岸石上學著畫游魚。晚上，回到家裡，拿了一塊木炭，在窯洞的壁上又把白天畫過的東西一件一件的再畫一遍。沒有筆，他照樣學畫畫。一年一年的過去，馬良的畫術進步得非常快，畫出來的東西簡直活靈活現。有一次，他在山後畫了一隻黑毛狼，嚇得牛羊不敢在山後吃草。但是馬良還是沒有一枝筆啊！他想，自己能有一枝筆該多麼好呀！

一天晚上，馬良躺在窯洞裡，因為他整天工作、學畫，已經很疲倦了，一躺下來就迷迷糊糊的睡著了。不知道什麼時候，窯洞裡亮起了一道五彩光芒，來了一位白鬍子的老人，把一枝筆送給他：「這是一枝神筆，要好好用它！」馬良接過來一

看，那筆金光燦燦的，拿在手上，沉甸甸的。他喜歡得跳起來：「謝謝你，老爺爺！」馬良的話還沒有說完，白鬍子老人已經不見了（如圖 3-1 所示）。

圖 3-1 〈神筆馬良〉

馬良一驚就醒了過來，揉揉眼睛，原來是個夢，可又不是夢啊！那枝筆不是就正在自己的手裡嗎？他十分高興，並且他發現他用筆畫出來的東西都能變成真的。他高興極了，說：「這神筆，多好呀！」馬良有了這枝神筆，開始天天替村裡的窮人畫畫：誰家沒有犁耙，他就替他畫犁耙；誰家沒有耕牛，他就替他畫耕牛；誰家沒有水車，他就替他畫水車；誰家沒有石磨，他就替他畫石磨……直到後來，馬良的神筆先後被大財主和皇帝注意到，他們使用各式各樣的方法想得到那枝筆，從而獲得更多的財富。馬良年紀雖小，卻生來是個硬性子，他看出了財主和皇帝的貪得無厭，所以，無論他們怎樣對他，他就是不願

幫他們畫畫。最後，馬良憑藉自己聰明的頭腦和神筆，每次都能在最後關頭化險為夷，用神筆畫物拯救自己。

在這個神話故事裡，馬良憑藉著神筆，能把畫在紙上的不會動、沒有生機的事物變成現實中存在的東西，讓物品從畫裡走出來。那麼，在虛擬實境技術中，是否有將夢境搬到現實中來的工具呢？

透過前面的章節可知，設計一個虛擬實境系統，除了硬體條件一般個人是無法訂製的外，能夠充分發揮個人主體性的就只能是在軟體方面下工夫了。要設計一個 VR 系統，首要的問題是如何創造一個包括 3D 模型、3D 聲音等在內的虛擬環境。而在諸多環境要素中，視覺攝取的資訊量最大，反應也最為靈敏，所以創造一個逼真而又合理的，並且能夠即時動態顯示的模型是最為重要的。因此，虛擬實境系統建構的很大一部分工作便是創建真實、合適的 3D 模型。

通常我們說的 3D，是指在平面 2D 中又加入了一個方向向量構成的空間系。3D 透過座標系的三個軸，即 x 軸、y 軸、z 軸，其中 x 表示左右空間，y 表示上下空間，z 表示前後空間，這樣就形成了人的視覺立體感，如圖 3-2 所示。

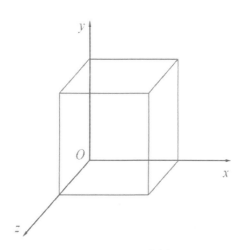

圖 3-2 3D 座標圖

　　建立系統模型的過程，又稱「模型化」，是研究系統的重要方法和前提。在這樣的 3D 空間裡，建立系統模型可以透過對系統本身運動規律的分析及實驗或統計資料的處理等，分析和設計實際系統，預測或預報實際系統的某些狀態的未來發展趨勢，並對系統進行最好的控制。

3.1.1　建模的技術原理

　　現有的建模技術主要可以分為基於圖形渲染的建模技術、基於圖像的建模技術，以及圖像與圖形混合的建模技術。而常見的建模技術可以分為以下三類。

第 3 章　打開夢遊仙境的鑰匙

■ **多邊形（Polygon）建模**

　　多邊形建模技術是最早採用的一種建模技術，它的思維很簡單，就是用小平面來模擬曲面，從而製作出各種形狀的 3D 物體，如圖 3-3 所示。小平面可以是三角形、矩形或其他多邊形的，但實際中多是三角形或矩形的。使用多邊形建模可以透過直接創建基本的幾何體，再根據要求採用修改器調整物體形狀或透過使用放樣、曲面片造型、組合物體來製作虛擬實境作品。多邊形建模的主要優點是簡單、方便和快速，但它難以生成光滑的曲面，故而多邊形建模技術適合於構造具有規則形狀的物體，如大部分的人造物體，同時可根據虛擬實境系統的要求，僅僅透過調整所建立模型的參數即可獲得不同解析度的模型，以適應虛擬場景實時顯示的需求。

圖 3-3 多邊形建模

■ NURBS 建模

NURBS 是 Non-Uniform Rational B-Splines（非均勻有理 B 雲規曲線）的縮寫，它純粹是電腦圖學的一個數學概念，也就是說，NURBS 曲線和 NURBS 曲面在傳統的製圖領域是不存在的，是為使用電腦進行 3D 建模而專門建立的。

NURBS 建模技術是當下 3D 動畫最主要的建模方法之一，特別適合於創建光滑的、複雜的模型，如圖 3-4 所示。而且在應用的廣泛性和模型的細節逼真性方面，具有其他技術無可比擬的優勢。但由於 NURBS 建模必須使用曲面片作為其基本的建模單元，所以它也有一些侷限性：NURBS 曲面只有有限的幾種拓撲結構，導致它很難製作拓撲結構很複雜的物體（例如帶空洞的物體）；NURBS 曲面片的基本結構是網格狀的，若模型比較複雜，會導致控制點急遽增加而難於控制；構造複雜模型時經常需要裁剪曲面，但大量裁剪容易導致計算錯誤；NURBS 技術很難構造「帶有分枝」的物體。

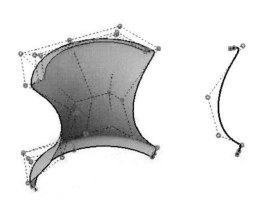

圖 3-4 NURBS 的曲面建模

103

第 3 章　打開夢遊仙境的鑰匙

■ 細分曲面技術

　　細分曲面技術是 1998 年才引入的 3D 建模方法，它解決了 NURBS 技術在建立曲面時面臨的困難，它使用任意多面體作為控制網格，然後自動根據控制網格來生成平滑的曲面。細分曲面技術的網格可以是任意形狀的，因而可以很容易的構造出各種拓撲結構，並始終保持整個曲面的光滑性，如圖 3-5 所示。細分曲面技術的另一個重要特點是「細分」，就是只在物體的局部增加細節，而不必增加整個物體的複雜程度，同時還能維持增加了細節的物體的光滑性。

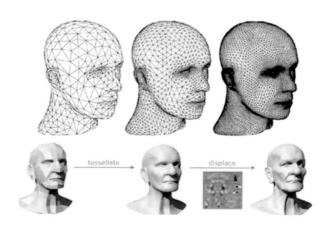

圖 3-5 細分曲面建模

　　在以上的三種建模技術中，由於無論是 NURBS 還是細分曲面，顯卡最終都要轉化為三角面來進行渲染，這勢必會增加不必要的面數，面數較少的模型在保證形象盡量逼真的前提下，

將複雜的形體歸納成比較簡單的多邊形形體的組合，因而能夠保證場景運行的速度。所以 VR 所採用的建模技術大多為多邊形建模技術，並且，我們在做 VR 的時候最好做簡模，否則可能導致場景的運行速度會很慢、很卡，甚至無法運行。

3.1.2　常用的建模軟體

目前，能經常被用到的 3D 建模設備及軟體包括 3ds Max、Softimage XSI、Autodesk Maya、Blender 等，本節便逐一為讀者介紹幾款虛擬實境技術經常用的設備軟體。

3ds Max

3ds Max 是 Discreet 公司開發的（後被 Autodesk 公司合併）基於 PC 系統的 3D 動畫渲染和製作軟體，前身基於 DOS 操作系統。在 Windows NT 出現以前，工業級的電腦動畫（CG）製作被 SGI 圖形工作站所壟斷。3ds Max+ Windows NT 組合的出現一下子降低了 CG 製作的門檻，首先開始運用在電腦遊戲中的動畫製作，後更進一步開始參與影視片的特效製作，例如《X 戰警 2》（*X2*）、《末代武士》（*The Last Samurai*）等。由於它是基於 Windows 平臺的，所以方便易學，又因其相對低廉的價格優勢，所以成為目前個人電腦上最為流行的 3D 建模軟體。

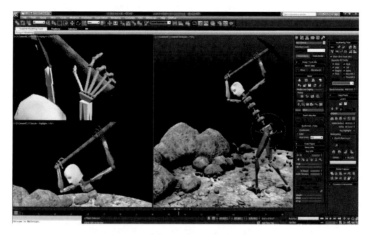

圖 3-6 3ds Max 建模界面

　　3ds Max 是集建模、材料、燈光、渲染、動畫、輸出等於一體的全方位 3D 製作軟體，它可以為創作者提供多方面的選擇，滿足不同的需求。目前這款軟體除了在電影特效方面被廣泛應用外、在電視廣告、遊戲、工業造型、建築藝術、電腦輔助教育、科學電腦視覺化、軍事、建築設計、飛行模擬等各個領域也有很多應用。作為當前世界銷量最大的一款虛擬實境建模的應用軟體，它與其他的同類軟體相比具有以下兩大特點。

・ **簡單易用、兼容性好**：3ds Max 具有人性化的友善工作介面，建模製作流程簡潔高效，易學易用，工具豐富。並具有非常好的開放性和兼容性，因此它現在擁有最多的第三方軟體開發商，擁有成百上千種插件，極大的擴展了 3ds Max 的功能。

· **建模功能強大**：3ds Max 軟體提供了多邊形建模、放樣、片面建模、NURBS 建模等多種建模工具，建模方法和方式快捷、高效。其簡單、直覺的建模表達方法，大大豐富和簡化了虛擬實境的場景構造。

Softimage XSI

Softimage XSI（如圖 3-7 所示）是全球著名的數位媒體開發、生產企業，AVID 公司於 1998 年併購了 Softimage 以後，於 1999 年底推出了全新的一款 3D 動畫軟體，至今已有 17 年的歷史，是著名的 3D 動畫軟體之一，曾經長時間壟斷好萊塢電影特效的製作領域，如《駭客任務》（*The Matrix*）、《異形》（*Alien*）、《侏儸紀公園》（*Jurassic Park*）等電影的完美呈現都有它的功勞，在業界一直以其優秀的角色動畫系統而聞名，是製作電影、廣告、3D、建築表現等方面的強力工具。

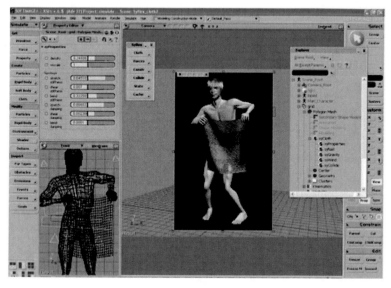

圖 3-7 Softimage XSI 工作介面

　　一直以來，Softimage XSI 以其獨一無二、真正的非線性動畫編輯功能為眾多從事 3D 電腦藝術人員所喜愛，它將電腦的 3D 動畫虛擬能力推向了極致，是最佳的動畫工具，除了新的非線性動畫功能之外，比之前更容易設定關鍵幀的傳統動畫。Softimage XSI 是擁有基於節點的體系結構，這就意味著所有的操作都是可以編輯的。它的動畫合成器功能更是可以將任何動作進行混合，以達到自然過渡的效果。Softimage XSI 的燈光、材質和渲染已經達到了一個較高的境界，系統提供的幾十種光斑特效可以延伸為千萬種變化。

　　Softimage XSI 擁有世界上最快速的細分優化建模功能，以

及直覺創造工具，它們快速、簡單並且非常完整，這讓 3D 建模感覺就像在做真實的模型雕塑一般。Softimage XSI 的非破壞性流程環境，讓使用者可以完全專注於藝術創作上。億萬多邊形核心架構可以讓使用者同時掌控幾百萬個多邊形，並且使用者的創作達到沒有前例可循的精細。同時，它的超強動畫能力和渲染技能，也使製作出來的作品運動感效果更為逼真。

整體來說，Softimage XSI 的優缺點如下：

· **優點**：在 Softimage XSI 中，有幾種動畫工具幾乎可以為任何所需的東西上設置動畫，如果僅使用預設的工具還不夠，還可以很方便的使用自定義工具來達到目的。Softimage XSI 的毛髮系統既快速又強大，建模工具也非常方便，且工作流程非常合理、快速。Softimage XSI 非常穩定，且極少有缺陷，網路渲染和貼圖工作流程非常強大、快速。使用 Softimage XSI 可以進行多通道渲染，再結合使用 FXTREE，甚至可以只在此軟體中就能夠完成後期編輯、輸出的工作，既方便又快速。

· **缺點**：Softimage XSI 高度的開放性和可配置性，對於一些獨立作業的藝術家來說，軟體中的一些功能使用起來會有困難。例如，如果想使用凹凸貼圖來影響物體的顏色屬性，就不會像 LightWave 軟體那樣直接，所以使用者必須真正的了解這個軟體才能順利完成工作。而一些其他的軟體則已

經為使用者做好了一切的準備工作，使用起來就相對容易一些。例如在 LightWave 軟體中，可以為融合變形的目標創建一個資料庫，並且可將它們分成若干部分，系統設定還可以分別為它們創建出一些控制滑塊，但是在 Softimage XSI 中，卻需要手動建構它們。

除此以外，在 Softimage XSI 中，陰影的顏色是屬於物體的一個屬性，所以在燈光選項裡，沒有陰影顏色屬性的控制選項，如果使用者要為陰影添加顏色，就會顯得有些麻煩。並且，在使用細分表面方法建模的時候，不能在模型網格上直接選取控制點，而是要先使用投影點作為替代，操作起來相對麻煩。在創建融合變形時，Softimage XSI 還需要一些額外的工作來創建一些控制滑塊等，而不像其他軟體那樣自動的完成這個工作，同時，這款軟體裡的一些變形器，例如 Bend、Taper 變形器，比較難控制，而且，它的程式貼圖的數量有限，操作起來也不如其他軟體方便，照明場景時的工作流程也不太直覺，其中的各項異型材質模型（Anisotropic）只在 NURBS 模型上才能正常的工作。

Autodesk Maya

　　Autodesk Maya（如圖 3-8 所示）是美國 Autodesk 公司出品的世界頂級的 3D 動畫軟體，應用對象是專業的影視廣告、角色動畫、電影特技等，如早期的《玩具總動員》（*Toy Story*）、《一家之鼠》（*Stuart Little*）、《金剛》（*King Kong*）、《汽車總動員》（*Cars*）等眾多知名影視作品的動畫和特效都是由 Maya 參與製作完成的。除了在影視動畫製作的應用外，Maya 還可以應用在遊戲、建築裝飾、軍事模擬、輔助教學等方面。Maya 功能完善，工作靈活，製作效率極高，渲染真實感極強，是電影級別的高端製作軟體，還曾獲得過奧斯卡科學技術貢獻獎。

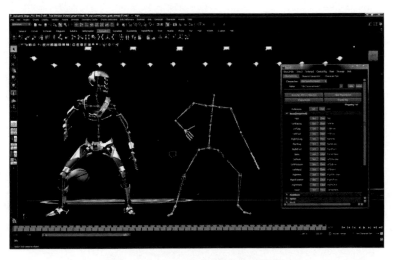

圖 3-8 Autodesk Maya 軟體介面

第 3 章　打開夢遊仙境的鑰匙

　　Autodesk Maya 整合了 Alias Wavefront 最先進的動畫及數位效果技術。它不僅包括一般 3D 和視覺效果製作的功能，而且還與最先進的建模、數位化布料模擬、毛髮渲染、對位技術相結合，可以提供完美的 3D 建模、動畫、特效和高效的渲染功能。Maya 可在 Windows 與 SGI IRIX 操作系統上運行，在目前市場上用來進行數位和 3D 製作的工具中，Maya 是首選解決方案。

　　如上所說，Autodesk Maya 具有功能完善、工作靈活、製作效率極高、渲染真實感極強等優點，被業界所推崇。但它同樣有以下三個主要缺點：售價昂貴、難於上手、預設渲染器與其他軟體相比較差。

　　Autodesk Maya 與前面所介紹的 3ds Max 的區別在於：

· Maya 是高階 3D 軟體，3ds Max 是中階軟體，Maya 的基礎層次更高，而 3ds Max 屬於普及型 3D 軟體，易學易用，在遇到一些高階要求（如角色動畫、運動學模擬）方面，3ds Max 遠不如 Maya 強大。

· Maya 軟體應用主要是動畫片製作、電影製作、電視節目包裝、電視廣告、遊戲動畫製作等方面；而 3ds Max 軟體應用主要是動畫片製作、遊戲動畫製作、建築效果圖、建築動畫等。

· 3ds Max 功能相對來說少一些，有時使用者需要臨時尋找第三方插件進行輔助製作，而 Maya 的 CG 功能十分全面，如建模、粒子系統、毛髮生成、植物創建、衣料仿真等，都無須另外再找插件，可以說，從建模、動畫到輸出，Maya 都非常出色。

Blender

Blender（如圖 3-9 所示）是一款開放原始碼的跨平臺全能 3D 動畫製作軟體，提供從建模、動畫、材質、渲染、音訊處理、影片剪輯等一系列動畫短片製作解決方案。擁有在不同工作條件下使用的多種使用者介面，內建綠幕去背、攝影機反向追蹤、遮罩處理、後期結點合成等高階影視解決方案。它以 python 為內建腳本，支援多種第三方渲染器，同時還內建即時 3D 遊戲引擎，讓製作獨立回放的 3D 互動內容成為可能。

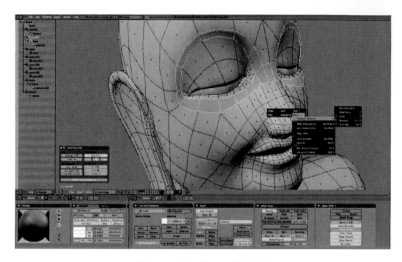

圖 3-9 Blender 工作介面

Blender 基於 OpenGL 的圖形介面在任何平臺上都是一樣的（而且可以透過 Python 腳本自定義），可以在所有主流的 Windows（XP、Vista、7、8）、Linux、OS X 等眾多其他操作系統上工作，並且它的快捷鍵功能也十分強大。

有兩種完全支援在 Blender 中使用的建模工具：盒子建模和曲面建模。許多人使用由一個基礎的立方體開始建模的盒子建模，然後再透過擠出面和移動頂點來創建一個更大、更複雜的網格。對於平面物體，像牆和桌面，你可以使用曲面建模用貝茲曲線（Bezier）或 NURBS 曲線定義輪廓，然後擠到所需的厚度。

雖然 Blender 支援的是網格（Mesh）而非多邊形（Polygon），但其編輯功能強大，常見的修改命令基本都有，自從 2.63 版以

後，同樣能支援 N 邊面（N-sided），不比支援 Polygon 的軟體弱。而且 Blender 的網格具有很好的容錯性，能支援非流形網格（non-manifold Mesh）。

Virtools

Virtools（如圖 3-10 所示）是由法國 Virtools 公司開發的一款功能強大的元老級虛擬實境製作軟體，自 2004 年 Virtools 已經推出了 Virtools Dev 2.1 即時 3D 互動媒介創建工具，隨即被引進到臺灣，並在臺灣迅速發展，並引進到中國，在最近一年時間裡，Virtools 已經停止更新，同時其母公司達梭也關閉了在中國的官網。

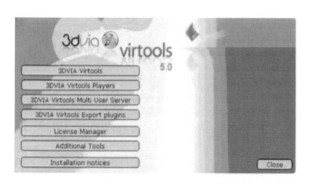

圖 3-10 Virtools 工作介面

Virtools 是一套具備豐富的互動行為模組的即時 3D 環境虛擬實境編輯整合軟體，可以將現有常用的檔案格式整合在一起，如 3D 的模型、2D 圖形或音效等，讓沒有程式基礎的美

第 3 章　打開夢遊仙境的鑰匙

術人員利用內建的行為模組，快速製作出許多不同用途的 3D 產品，如網際網路、電腦遊戲、多媒體、建築設計、互動式電視、教育訓練、仿真與產品展示等。它允許使用者透過行為模組的編輯，快速、簡單的實現 3D 互動的應用程式。

整體來說，Virtools 主要有以下特點：

· Virtools 能製作具有沉浸感的虛擬環境，它能對參與者生成諸如視覺、聽覺、觸覺、味覺等各種感官資訊，給參與者一種身臨其境的感覺。因此是一種新發展的、具有新含義的人機互動系統。

· Virtools 主要經由一個設計完善的圖形使用者介面，使用模組化的行為模組撰寫互動行為元素的腳本語言。這讓使用者能夠快速的熟悉各種功能，包括從簡單的變形到力學功能等。

· Virtools Shaders 支援絕大部分最新的顯示卡，供使用者撰寫屬於自己開發的特殊效果，並提供使用者在 Virtools 的著色階段（Rendering pipeline）完整的控制權。透過最新的著色器（Shader）運算技術可以迅速編寫並且立即完成內容更新，它不須重新讀取整個檔案，只須更改 shader 參數即可。這項強大的編輯功能使開發者能將 shader 效果快速的置入實際的遊戲場景中，並可以立刻提升畫面效果，使空間環境及對象貼圖材質的呈現更具真實性及說服力。讓遊戲開發者對於整體繪圖流程（render pipline）、視覺效果

與後製特效（post-processing）技術能有更為完善的掌控。

· Virtools 的視覺化程度很高（如圖 3-11 所示）。Virtools 自身提供了許多功能模組，透過直接拖曳的方式來使用模組，操作過程方便、快捷；Virtools 除了可以在專用的 Virtools Player 播放製作的作品外，還可以輸出成網頁格式，也可以更進一步與 Flash 網頁、3D 網頁整合在一起。

圖 3-11 Virtools 的操作

Virtools 的優缺點比較如下：

· **優點**：Virtools 功能強大，容易操作，即使使用者沒有接觸過程式設計，也可以設計出一個簡單的 3D 單機遊戲，至於虛擬實境（例如房地產建築瀏覽、店鋪商品瀏覽等）就更容易了，但是使用者必須有較好的邏輯分析能力。Virtools 支援網頁播放 3D 場景（簡單來說，就是可以在網頁上玩 3D

遊戲），但是要安裝它的網頁播放插件才行。並且，它能提供很好的 SDK 可以進行二次開放。這些對於程式設計者來說非常方便，可以控制和封裝自己的功能，實現模組化。除此之外，Virtools 還有很多其他的優點，如成本低、開發週期短等。

· **缺點**：首先，它支援中文顯示，但是不支援中文輸入，這個預計可以透過 SDK 進行二次開放解決，但是目前沒有解決，即使解決了也只是在發表的平臺上可以，而在編輯視窗內不行；其次，Virtools 不能直接建模，需要把 3ds Max 平臺下所建模型與動作導入到 Virtools 中整合編輯。雖然它可以從 Maya 和 3ds Max 之類的建模軟體中直接導出一個複雜的場景，但是當場景多個模型共用一張紋理貼圖時，它會導出多個這樣的貼圖。注意當導出到 Virtools 支援的格式（*.nmo，這個格式是 Virtools 的）就不需要原來的貼圖了；最後是角色，它的角色十分靈活，但是它的動畫不能共享，例如有兩個一模一樣的人，動畫也一模一樣，你必須在程式中存在這個兩個人的模型和動畫各一份，也就是兩套動作，兩套模型。如果不這樣，當一個模型想向前，而一個模型向後，就會出問題了。解決的方法可以用兩套模型，一套動作，但是兩套模型不能同時使用同一個動作。

Vega

　　Vega（如圖 3-12 所示）是 MultiGen-Paradigm 公司開發的應用於即時視景仿真、聲音仿真和虛擬實境等領域的高性能軟體環境和開發平臺。由 Lynx 圖形化使用者介面和 Vega 庫組成，Lynx 介面讓使用者能對交付的系統重新配置，它的即時互動性能為開發系統提供更經濟的解決方案。利用 Vega 庫函數，在 Lynx 中可以建立漫遊所需要的場景、視窗、通道、運動方式、觀察者、碰撞方式等，定義對象的初始化參數以及建立對象之間的關聯。例如，在 Vega 的 Lynx 圖形使用者介面中只須利用滑鼠點一下即可配置、驅動圖形，在一般的城市仿真應用中，幾乎不用編寫任何原始碼就可以實現 3D 場景漫遊。使用配套的 Creater 完成 3D 建模後，即可導入 Vega 創建、編輯、運行複雜的仿真應用。

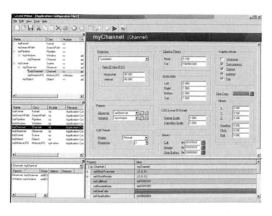

圖 3-12 Vega 介面

　　用 Creator 進行建模時，可以創建簡單的面片，然後對面片進行拉長、伸縮、傾斜、裁減等操作來構造模型。Creator 也可以調整 UV 座標，採用手動的方式來為模型貼圖，但是它與其他的建模軟體如 3ds Max 等相比，缺少放樣及編輯修改器（Modifier）的功能，有些 UV 座標效果用手動很難實現，如 Sphere。

　　並且，在 Creator 中，主要採用拍照、數位化等手法構造貼圖，然後直接貼在物體的表面。而在不同的光線條件下拍攝的照片色調不一致，所以容易導致最後的效果比較混亂。

　　Vega 將先進的模擬功能和易用工具相結合，對於複雜的應用，能夠提供便捷的創建、編輯和驅動工具。它還包括完整的 C 語言應用程式介面 API，在 Windows 下以 VC 6.0 為開發環境，以滿足軟體開發人員要求的最大限度的靈活性和功能訂製，顯著的提高工作效率，同時大幅度減少原始碼的開發時間；Vega 能為使用者提供穩定、兼容、易用的介面，使他們的開發、支援和維護工作能更快並且高效，而減少在圖形編寫程式上花費的時間。

　　Vega 支援多種資料調入，允許多種不同資料格式綜合顯示，Vega 還提供高效的 CAD 資料轉換。Paradigm 還提供和 Vega 緊密結合的特殊應用模組，這些模組使 Vega 很容易滿足特殊模擬要求，例如航海、紅外線、雷達、高階照明系統、動畫人物、大面積地形資料庫管理、CAD 資料輸入和 DIS 分布應

用等。它還允許使用者將圖像和處理作業指定到工作站的特定
處理器上，訂製系統配置來達到全部需要的性能指標。

3.2　或恐入畫來 ── 視覺感知設備

　　我們常說，人眼是展開萬物形象的開關，對於虛擬實境成
像技術也一樣不例外。在虛擬實境的系統中，視覺感知設備的
主要作用對象便是人的眼睛。人的眼睛有著接收及分析視像的
不同能力，從而組成知覺，以辨認物象的外貌和所處的空間
（距離），以及該物在外形和空間上的改變，以便人們辨認外物
和對外物做出及時和適當的反應，規避物理上可能帶來的傷害。

　　在前面，我們已經為大家簡要介紹過虛擬實境在人眼中成
像中的基本原理，主要是依靠雙目的視覺差，即由於正常的瞳
孔距離和注視角度不同，造成左右眼視網膜上形成的物象會存
在一定程度的水平差異，人的雙眼看同一物體時，由於左右眼
視線方位不同，雙眼視網膜成像出現微小的水平像差。而這種
微小的差別運用到虛擬實境裡，會讓人們產生一種 3D 立體的既
視感，就好像真的走入了畫境之中一樣，形象逼真。

　　VR 內容傳入人眼主要有兩種途徑：一種是透過投影技術，
將畫面直接投射到視網膜上，這種技術應用簡單，使用得較
為普遍；而另一種是透過螢幕顯示，人眼觀看螢幕獲得內容，
這個技術較為高階，使用得沒有第一種廣泛，但效果比第一種

好，還能減少使用者的視覺疲勞。運用這兩種技術，便可以得到廣泛應用的 VR 視覺設備：VR 眼鏡（也可稱 VR 頭盔）。

3.2.1　VR眼鏡的成像原理

　　虛擬實境頭戴顯示器設備，簡稱 VR 頭戴式顯示設備、VR 眼鏡（如圖 3-13 所示），是利用仿真技術與電腦圖學、人機介面技術、多媒體技術、傳感技術、網路技術等多種技術集合的產品，是借助電腦及最新感測器技術創造的一種嶄新的人機互動方式。其第一個原型設備出現於 1968 年，此後斷斷續續進行了多次研究熱潮，但很快又趨於平靜。直到 2014 年 Facebook 的加入，才將 VR 再次拉到人們關注的焦點上，並號稱其將成為繼手機之後最重要的行動運算平臺。

圖 3-13 VR 眼鏡

　　VR 眼鏡的原理和我們的眼睛類似，兩個透鏡相當於眼睛，但遠沒有人眼「智慧」。再加上 VR 眼鏡一般都是將內容拆分，切成兩半，透過鏡片實現疊加成像。這時往往會導致人眼瞳孔

中心、透鏡中心、螢幕（拆分後）中心不在一條直線上，如圖 3-14 所示，便會使視覺效果很差，出現不清晰、變形等一大堆問題。

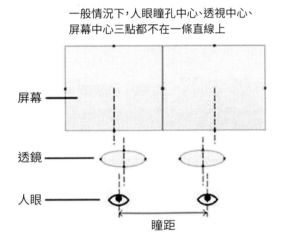

圖 3-14 人眼、VR 透鏡、螢幕不在一條直線上

　而理想的狀態是，人眼瞳孔中心、透鏡中心、螢幕（拆分後）中心均在一條直線上，如圖 3-15 所示。這時就需要透過調節透鏡的「瞳距」使之與人眼瞳距重合，然後使用軟體調節畫面中心，保證三點一線，從而獲得最佳的視覺效果。目前設備有的是透過物理調節，有的是透過軟體調節，例如暴風魔鏡，其瞳距需要透過上方的旋鈕來調節；SVR Glass 則需要軟體來調節瞳距。

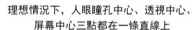

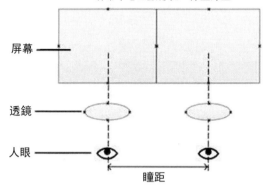

圖 3-15 人眼、VR 透鏡、螢幕均在一條直線上

　　大多數 VR 眼鏡基本上只用於觀看 3D 影像，缺乏足夠的沉浸互動，因此許多人也認為這類產品是「偽 VR」。但 VR 眼鏡產品也並非都是如此，像三星的 Gear VR 就具有運動感測器，還在側面配有觸控板，搭配 Gear VR 版 Oculus Store 應用商店，可體驗到除了 3D 電影以外更豐富的內容，如圖 3-16 所示。

圖 3-16 三星 Gear VR

3.2.2 VR眼鏡的顯示模式

現在經常能用到的 3D 立體眼鏡的顯示模式共有 4 種：交錯顯示 (Interlacing)、畫面交換 (Page-Flipping)、畫面同步倍頻 (Sync-Doubling)、線遮蔽 (Line-Blanking)。

交錯顯示模式

交錯顯示 (Interlacing) 就是依序顯示第 1、3、5、7……等單數掃描線，然後再依序顯示第 2、4、6、8……等偶數掃描線的周而復始的循環顯示方式。這就有點類似老式的逐行顯示器和 NTSC、PAL 及 SECOM 等電視制式的顯示模式。

交錯顯示模式的工作原理是將一個畫面分為二個圖場，即單數描線所構成的單數掃描線圖場或單圖場，與偶數描線所構成的偶數掃描線圖場或偶圖場。在使用交錯顯示模式做立體顯像時，我們便可以將左眼圖像與右眼圖像分置於單圖場和偶圖場（或相反順序）中，我們稱此為「立體交錯格式」。如果使用快門立體眼鏡與交錯模式搭配，則只須將圖場垂直同步訊號當作快門切換同步訊號即可，即顯示單圖場（即左眼畫面）時，立體眼鏡會遮住使用者之一眼，而當換成顯示偶圖場時，則切換遮住另一隻眼睛，如此周而復始，便可達到立體顯像的目的，如圖 3-17 所示。

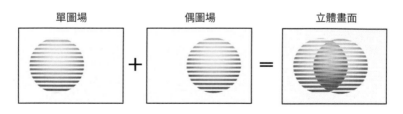

單圖場　　　　偶圖場　　　　立體畫面

圖 3-17 交錯顯示成像原理

　　由於交錯模式不適於長時間且近距離的操作使用，就電腦顯示周邊技術而言，交錯模式需要顯示硬體與驅動程式的雙重支援之下方可運行。隨著相關顯示周邊技術的進步，非交錯模式已完全取代交錯模式，成為標準配備。

畫面交換模式

　　畫面交換（Page-Flipping）是由特殊的程式來改變顯示卡的工作原理，使新的工作原理可以用來表現立體 3D 效果。因為不同的顯示晶片有其獨特的工作原理，所以如果要使用畫面交換，那麼必須針對各個顯示晶片發展獨特的立體驅動程式，以驅動 3D 硬體電路，因此畫面交換僅限於某些特定顯示晶片。

　　它的工作原理是將左右眼圖像交互顯示在螢幕上的方式，使用立體眼鏡與這類立體顯示模式搭配，只需要將垂直同步訊號作為快門切換同步訊號，即可達成立體顯像的目的。而使用其他立體顯像設備則將左右眼圖像（以垂直同步訊號分隔的畫面）分送至左右眼顯示設備上即可。

　　畫面交換提供全解析度的畫面品質，故其視覺效果是四種立體顯示模式中最佳的。但是畫面交換的軟硬體要求也是最高的，原因主要有兩點：第一，如果虛擬實境螢幕的交錯顯示與VR眼鏡的遮蔽不佳，那麼有可能只能使左眼看到右眼的部分，右眼看到左眼的部分，造成「三重」圖像（左眼、右眼，以及兩者的合成圖像），也就是說圖像會有殘影出現。所以要想同時存取左右眼的畫面，那麼畫面緩存器（Frame Buffer）所需的最小容量就必須是普遍的兩倍；第二，由於螢幕是交錯顯示的，因此不可避免的會出現閃爍現象。要想克服立體顯像的閃爍問題，左右眼都必須提供至少每秒 60 格畫面，也就是說垂直掃描頻率必須達到 120Hz 或更高。

畫面同步倍頻模式

　　畫面同步倍頻（Sync-Doubling）與前兩種顯示模式最大的不同是，它是用硬體電路而不是軟體去產生立體訊號的，所以無須任何驅動程式來驅動 3D 硬體電路，因此任何一個 3D 加速顯示晶片均可支援。只須在軟體系統上對左右眼畫面做上下安排便可達成。

　　它的工作原理是透過外加電路的方式在左右畫面間（即上下畫面間）多安插一個畫面垂直同步訊號，如此便可使左右眼畫面像交錯般的顯示在螢幕上，透過使用畫面垂直同步訊號為快門切換同步的方式，我們便可以將左右畫面幾乎同時送到相

對應的雙眼中，達到立體顯像的目的。由於畫面同步倍頻會將原垂直掃描頻率加倍，因此須注意顯示設備掃描頻率的上限。此模式是最具效果的立體顯示方式，不會受限於電腦硬體規格，同時可利用圖像壓縮（MPEG）格式，達到進一步傳輸、儲存的目的。

線遮蔽模式

線遮蔽（Line-Blanking）與畫面同步倍頻一樣，是透過外加電路的方式來達到立體顯像的目的，非常適合電腦標準的非交錯顯示模式。

它的工作原理是將擷取的畫面儲存在相對的緩存器（Buffer）中，送出遮蔽偶數掃描線的畫面後送出一個畫面垂直同步訊號，再接著送出遮蔽單數掃描線的畫面，如此周而復始的擷取畫面並送出兩個單偶遮蔽的畫面，便可類似於畫面交換的方式進行立體顯像的工作。其工作模式會將顯示卡送出訊號的垂直掃描頻率加倍，因此使用這種立體顯示模式，須注意顯示設備掃描頻率的上限。

由於其採用立體交錯格式，對於過去的交錯顯示的應用軟體及媒體，線遮蔽都可充分支援，因此這種立體顯示模式的回溯兼容性最佳。但它與交錯模式一樣，垂直解析度將會減少一半，所以立體畫面品質會比畫面交換模式稍差。

3.2.3　VR眼鏡的種類

市場上搭配 VR 眼鏡應用的立體圖像種類繁多，以上 4 種顯示模式也各有利弊，但相應的採用了不同顯示模式的 VR 眼鏡也會得到不同的使用者體驗。當使用者戴上 VR 立體眼鏡後，立刻就能進入非常逼真的 3D 場景，看見遊戲中的人物在眼前跳進跳出。一般來說，VR 眼鏡可以分為以下四類：外接式頭戴設備、一體式頭戴設備、行動端頭戴式顯示設備，以及 VR 頭盔。

外接式頭戴設備

這種設備配置高、具備獨立螢幕、產品結構複雜、技術層級較高、性能強、使用者體驗較好，十分適合玩重度遊戲。不過受傳輸線的束縛，使用者自己無法自由活動，且價格較高，同時對電腦的要求也較高，典型產品如 HTC Vive、Oculus Rift。

■ HTC Vive

HTC Vive 是 2015 年 3 月在 MWC 2015 上發表的由 HTC 與 Valve 聯合開發的一款 VR 頭戴式顯示設備（虛擬實境頭戴式顯示器）產品，如圖 3-18 所示。由於有 Valve 的 SteamVR 提供的技術支援，因此在 Steam 平臺上已經可以體驗利用 Vive 功能的虛擬實境遊戲。

圖 3-18 HTC Vive

它的螢幕更新率為 90Hz，搭配兩個無線控制器，並具備手勢追蹤功能。在頭戴式顯示設備上，HTC Vive 開發版採用了一塊 OLED 螢幕，單眼有效解析度為 1200×1080 畫素，雙眼合併解析度為 2160×1200 畫素。2K 解析度大大降低了畫面的顆粒感，使用者幾乎感覺不到紗門效應（由於畫素之間的空隙，圖像上似乎覆蓋了某種黑色網格，很像透過紗門觀看的景象，故稱「紗門效應」）。並且能在佩戴眼鏡的同時戴上頭戴式顯示設備，即使沒有佩戴眼鏡，400 度左右的近視依然能清楚看到畫面的細節。其畫面更新率為 90Hz，2016 年 3 月的資料顯示延遲為 22ms，實際體驗幾乎零延遲，也不覺得噁心和眩暈。

■ Oculus Rift

而 Oculus Rift 是一款為電子遊戲設計的頭戴式顯示器，如圖 3-19 所示，也是目前最成熟的頭戴式消費級虛擬實境產品。它將虛擬實境技術接入遊戲中，使玩家們能夠身臨其境，對遊

戲的沉浸感大幅提升。雖然最初是為遊戲打造的，但是 Oculus 已經決心將 Rift 應用到更為廣泛的領域，包括觀光、電影、醫藥、建築、空間探索，甚至是戰場上。

圖 3-19 Oculus Rift

　　這個頭戴式顯示器的主要作用是將使用者的視覺全方位融入遊戲當中，使遊戲玩家身臨其境，大大縮小與遊戲場景之間的距離感。Oculus Rift 擁有兩個目鏡，再結合陀螺儀控制的視角，能夠為使用者提供「仿 3D 式」遊戲場景。這對於目前以 2D、平面式視覺體驗為主的遊戲產業來說，是一次顛覆性的突破。

　　該設備與以 SONY HMZ 系列為代表的頭戴顯示設備有較大區別，Oculus Rift 提供的是虛擬實境體驗。Oculus Rift 具有兩個目鏡，每個目鏡的解析度為 640×800 畫素，雙眼的視覺合併之後擁有 1280×800 畫素的解析度，戴上後幾乎沒有「螢幕」這個概念，使用者看到的是整個世界。並且具有陀螺儀控

制的視角是這款遊戲產品的一大特色，這樣一來，遊戲的沉浸感大幅提升。並且，在設備支援方面，開發者已有 Unity 3D、Source 引擎、虛幻引擎 4 提供官方開發支援。

一體式頭戴設備

　　此類設備產品偏少，也叫 VR 一體機，無須借助任何輸入輸出設備，就可以在虛擬的世界裡盡情感受 3D 立體感帶來的視覺衝擊。它實際上就是簡化版的 VR 頭盔，但能給予使用者很好的體驗感，並且價格便宜，使用方便，如空之翼 VR 眼鏡（如圖 3-20 所示）。

圖 3-20 空之翼 VR 眼鏡

　　空之翼是廣州聚變網路科技有限公司所打造的一個品牌，旗下擁有空之翼 APP 和空之翼 VR 眼鏡，使用者可以使用空之翼 VR 眼鏡打開 APP 觀看 3D 電影，體驗 360°場景影片，暢玩 3D 遊戲，還可以透過 AVR 卡牌進行人卡互動。

行動端頭戴式顯示設備

也稱「手機盒子」，使用時把手機嵌入，手機中的圖像為左右兩部分，兩幅單獨的畫面送至雙眼，每隻眼睛只看到其中一幅，以此帶來 3D 效果。這類設備對手機螢幕解析度要求較高，因為凸透鏡本身要對畫面進行放大，低階的分割螢幕顆粒感會很明顯。它的便捷性、簡單的操作和便宜的價格是大部分消費者所能接受的，代表產品有：三星 Gear VR（只能使用三星手機）、暴風魔鏡等。

■ Gear VR

Gear VR 又名三星 Gear VR，是三星推出的一款 VR 頭戴式顯示設備。三星將這款初代產品命名為「創新者版」，軟體和遊戲部分很多都是技術示範，而不是消費類的產品。Gear VR 很輕，佩戴起來沒有沉重的壓迫感，稍微勒緊就可以牢固的戴在頭上，並且戴眼鏡的使用者無須摘下眼鏡就可以體驗。

■ 暴風魔鏡

暴風魔鏡是 2014 年 9 月 1 日暴風影音在北京召開主題為「離開地球兩小時」的新品發表會時，正式發表的產品，如圖 3-21 所示。它是一款入門級的硬體設備，在使用時需要配合暴風影音開發的專屬魔鏡應用程式，在手機上實現 IMAX 效果，普通的電影即可實現影院觀影效果。

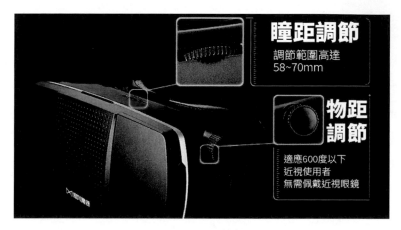

圖 3-21 暴風魔鏡

　　暴風魔鏡透過開發的 APP，實現了手機顯示代替了以往虛擬實境設備單獨配備的硬體。而對於各種影片的同時支援，也讓使用者在使用過程中有更充足的資源，實用性更好。

VR 頭盔

　　VR 頭盔（如圖 3-22 所示）是時下主流大廠力推的產品，它在使用時需要搭配單獨的主機，如電腦或者家用遊戲主機。由於主機端產品的配置可以做到很高，VR 頭盔的體驗效果也更為出色，可以打造出最貼合虛擬實境概念的設備。

圖 3-22 VR 頭盔

　　虛擬實境立體頭盔的原理是將小型 2D 顯示器所產生的影像憑藉光學系統放大。具體而言,小型顯示器所發射的光線經過凸狀透鏡使影像因折射產生類似遠方的效果。利用此效果將近處物體放大至遠處觀賞,從而達到所謂的全像視覺(Hologram)。液晶顯示器(早期用小型陰極射線管,最近已有應用有機發光二極體器件)的影像透過一個偏心自由曲面透鏡,使影像變成類似大銀幕的畫面。由於偏心自由曲面透鏡為一個傾斜狀凹面透鏡,因此在光學上它已不單是透鏡功能,基本上已成為自由面稜鏡。當產生的影像進入偏心自由曲面稜鏡面,再全反射至觀視者眼睛對向側凹面鏡面。側凹面鏡面塗有

一層鏡面塗層，反射的同時，光線再次被放大反射至偏心自由曲面稜鏡面，並在該面補正光線傾斜，到達觀視者眼睛。除了在現代先進軍事電子技術中得到普遍應用，成為單兵作戰系統的必備裝備外，它還拓展到民間電子技術中，虛擬實境電子技術系統首先應用了虛擬實境立體頭盔。

　　但是，虛擬實境頭盔並不能單獨使用，或者單獨使用會影響使用效果，必須配合以下三種設備才能保證其使用效果：

· 3D 虛擬實境真實場景
· 大螢幕立體實境螢幕
· 與資料回饋手套配合使用

　　目前，Oculus、HTC 和 SONY 都發表了自己的主機端產品。與 Google Cardboard 和三星 Gear VR 相比，Oculus Rift、HTC Vive 和 PlayStation VR 的設置更加複雜，但能實現的功能也強大許多，如位置追蹤、無線控制等，搭配豐富的遙控套件，VR 頭盔在遊戲體驗方面更為出色。不過這三款高階 VR 設備需要與電腦或遊戲主機配套使用，整套設備的成本要高出很多，最少要花費數千美元來打造成套的 VR 系統。

　　Oculus 和 Valve 主要鎖定 PC 市場，而 SONY 是唯一想把 VR 與遊戲主機搭配在一起的公司。而要想在 Oculus 上玩 Xbox 精選遊戲，首先需要的是一臺 Windows 10 系統的電腦 —— 而這會導致各種影格速率問題。有可能影響 Valve 和

Oculus 的配置問題，在 SONY 這裡就不是問題了。由於 SONY 的 VR 頭盔是與參數固定的 PlayStation 4 遊戲主機配對的，每個玩家都能獲得完全相同的體驗，這是一個強大的優勢。從電子娛樂展上來看，《Rigs：機械化衝突》、《廚房》，以及其他幾款遊戲的效果都相當不錯。因此，開發者們可以放心的強化自家的遊戲，建構出一些通用的 VR 效果，而且也不會有人跑到社群網站或留言板上抱怨說，自己的 VR 系統玩不了旗艦級別的遊戲。

其他產品透過替腦後和頭部兩側施以壓力固定，而 SONY 的 PlayStation VR（如圖 3-23 所示）則把所有重量都放在頭頂。這樣的話，頭盔的前部就可以自由前後移動，容納不同大小的頭部，讓使用者獲得舒適的配戴感。頭盔下面有一個小開關讓使用者調整，非常容易操作。

圖 3-23 PlayStation VR

　　隨著相關技術的進一步發展，VR 頭盔會更加美觀、攜帶方便，同時因為處理眾多資料的需求，頭盔中會設置功能強大的電腦處理系統，使 VR 頭盔使用起來有更多的內容和更快的即時性。

3.3　簾外雨聲驟 —— 聽覺感知設備

　　人們不僅僅是有視覺差，雙耳對於聲音的敏感度也存在著一定的差距。這就使人不禁好奇，是否能將 3D 技術運用在音樂、音訊方面，使耳朵也能夠體驗到像 3D 電影那樣的真實感、立體感 —— 讓音樂不僅僅可以「聽」，還能拿來「體驗」呢？

　　無論是電腦、影片遊戲，還是 VR 虛擬實境，音訊技術在整個應用場景中的重要性不可忽視，帶來的體驗感僅次於視覺。由於電腦的技術基礎，讓電腦和遊戲的音訊技術有了很大的提升，相比傳統行業，VR 虛擬實境和現實場景極為相似，面對新興的 VR 虛擬實境領域，如何進行音訊追蹤，正是 VR 虛擬實境需要著手解決的地方。

3.3.1　VR的音效原理

　　要想營造與現實生活中無異的音訊效果，首先要從人耳對聲音的定位功能說起。簡單的來理解，定位其實就是人判斷聲音在空間位置中的能力，我們知道人的耳朵其實是相當靈

敏的,它不僅能夠判定聲源的方向,同時也能夠判定聲源的遠近。人單耳和雙耳都有定位功能,單耳定位主要是垂直方向的定位,是耳廓各部位對入射聲波反射而引起的聽覺效果,較雙耳定位效果弱;雙耳定位主要是水平方向上的定位,是聲波到達人的兩耳時具有不同的差異而引起的聽覺效果,如圖 3-24 所示。定位精度 10 ~ 15°,對人的日常生活而言更為重要,其對來自前方的聲音定位較準,而對來自後方的聲音定位較差。3D 音效中利用的就是雙耳定位的原理 —— 指透過兩耳所聽到聲音的聲級差、時間差、相位差、音色差等差異來對聲音進行定位。其中最重要的定位依據是聲級差和時間差。

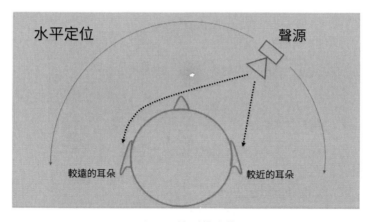

圖 3-24 雙耳的定位

第 3 章　打開夢遊仙境的鑰匙

聲級差定位

聲級差定位（人耳對聲音大小的感受異常靈敏，如在可聞聲級的條件下（聲級為 0dB，聲強約為 10^{16}W/cm^2），鼓膜振動幅度僅為 10^{-11}m，耳蝸基底振動幅度僅 10^{-13}m，只相當於氫原子直徑的 1/100，這使聲級差定位在聽覺定位中有著十分重要的作用。聲級差定位是同一聲源在兩耳接收到不同聲級的聲音而產生的，如當聲源偏向左方時，聲波可以直接到達左耳，而右耳則受到頭部的遮蔽，結果左耳聽到的聲級將大於右耳。聲源越偏，聲級差越大，聲級差最大可達 25dB 左右。對於近距離的聲源，聲級差定位是最主要的定位方式，遠距離時聲級差定位對低頻聲的效果則不佳。

時間差定位

聲波在空氣中傳播需要時間，所以當聲源不在正前（後）方時，與聲源同側的那一隻耳朵將早一點聽到聲音，而另一隻耳朵將遲一點聽到聲音，這種微小的時間差（小於 0.6ms）也可以被人耳分辨出來，最終傳入大腦並分析得到聲音的位置資訊。時間差對各個頻率的聲音確定方位都有用；時間差主要指聲音剛到人耳瞬間先後的時間差別，因此人耳對槍聲、打擊樂器等瞬態聲、突發聲有更強的定向能力，對於這類聲音，人們可以更容易利用時間差來做定向資訊。

　　現代立體聲的定位技術正是利用雙耳效應為理論基礎發展
起來的，立體聲就是人能夠感覺到聲源分布在一個空間範圍中
的聲音，讓聲音聽起來更加具有空間感、遠近感及臨場感。而
環繞立體聲與我們普通的雙聲道立體聲相比，不僅擁有臨場感
以外，並且能夠讓聲音將聽眾更加包圍，讓人產生環繞感。無
疑的，音樂廳和大空間的室內更有助於產生這種空間感。我們
常見的虛擬立體聲技術也會採用在耳機中，使用軟體拓展來實
現虛擬立體聲音效，這就是為什麼有的耳機僅僅是雙聲道，並
且也非多單元結構，卻仍然能夠實現多聲道的效果。

　　目前，很多虛擬實境設備都會配備耳機，以提供較好的環
繞音效。本節將逐一介紹虛擬實境模擬現實中的聲音所需要涉
及到的技術和相關軟體設備，揭祕那讓人覺得彷彿親臨實境的
立體音效是如何實現的。

3.3.2　3D音效

　　3D音效就是用揚聲器仿造出似乎存在但是虛構的聲音。例
如揚聲器仿造頭頂上有一架飛機從左至右飛過，你閉上眼睛聽
就會感覺到頭頂真的有一架飛機從左至右飛過。這就是 3D 音
效，如圖 3-25 所示。

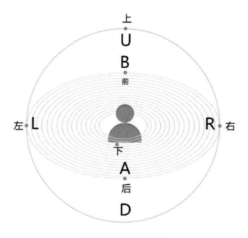

圖 3-25 3D 音效

　　目前多數的 3D 音效的音效卡上，都是使用 HRTF（就是聲波會以幾百萬分之一秒的差距先後傳到你的耳朵裡，而我們的大腦可以分辨出那些細微的差別，利用這些差別來分辨聲波的形態，然後在換算成聲音在空間裡的位置來源）的換算法來轉換遊戲裡的聲音效果，誤導你的大腦聽到聲音是來自不同地方的。支援聲源定位的遊戲將聲音與遊戲的景物、人物或其他的聲音的來源結合在一起，當這些聲音與你在遊戲中的位置改變時，音效卡就將依據相對位置來調整聲波訊號的發送。

　　目前經常採用的 3D 音效技術大致有以下三種：A3D 技術、EAX 技術和 SRS 技術。

A3D 技術

大約是在前幾年，Diamond Multimedia 公司大膽的推出了一張全新 PCI 規格的 Monster Sound 音效卡。它們利用微軟的 DirectSound API 來解決遊戲聲音相容性的問題，並且推出了 ISA 卡與舊的 DOS 遊戲相容，這是當時極少數音效卡膽敢與聲霸卡規格不相容的產品之一。而這張卡得以生存的原因主要在於這塊音效卡擁有自己的 API 函數庫，也叫 A3D 系統。它最大的長處，就是 3D 立體音效。

A3D 技術與傳統做法最大的不同之處在於，它可以只利用一組喇叭或者耳機，就可以發出逼真的立體聲效，定位出環繞使用者身邊不同位置的音源。這種音源追蹤的能力，就叫做「定位音效」，它使用當時的 HRTF 功能，透過兩個音箱的輸出，來達到這種神奇的效果。

剛開始時，A3D 的規格只有 Aureal 所推出的 Vortex 一代晶片，而後由於這項規格的 3D 音效定位頗佳，加上只需要雙聲道音箱就可模擬出 3D 音效，所以後來許多非 Vortex 的晶片組也將此一規格納入。A3D2.0 為 Aureal 在推出 Vortex 二代晶片時所發表的新音效規格，與 1.0 版最大的差異在於提高了聲音的解析度。它可兼容 DS3D，並且加上獨特的 waveTracing 聲波追蹤功能，可以更真實的呈現環境音效，但是只有 Vortex 2 AU8830 晶片可以完整的支援這項規格。

第 3 章　打開夢遊仙境的鑰匙

　　A3D 技術具體包含兩個部分：A3D Surround 這一技術在於「環繞」，和 A3D Interactive 這一技術在於「互動」。A3D Surround 這一技術在於「環繞」，它允許只用兩個普通的音箱或一對耳機，就能在環繞著聽者的 3D 空間中精確的定位聲源。A3D Surroun 結合了諸如 Dolby 的 ProLogic 和 AC － 3 這樣的環繞聲解碼技術，環繞聲解碼器透過兩個音箱創建一個由 5 組音訊流環繞而成的聲場，即用兩個音箱就能體驗到 Dolby 的五音箱環繞效果，這一技術被杜比實驗室授予了 Virtual Dolby 的認證。

　　使用這一技術的軟體（特別是遊戲）可以根據軟體中互動式的場景、聲源變化而輸出相應變化的音效，產生圍繞聽者的極其逼真的 3D 定位音效，帶來真實的聽覺體驗，而這一切只需要透過一對普通的音箱或耳機就能實現。

　　而 A3D Interactive 這一技術在於「互動」，它能為互動遊戲及一些互動式的軟體應用產生互動式的 3D 音效，營造出非常真實的 3D 互動聽覺環境。我們知道，在現實中所聽到的聲音並不是一成不變的，而是隨著我們的行動、所處環境，以及聲源與人耳相對位置的不斷變化而做著相應的即時變化，這就是我們所說的「互動」。像 Dolby Surround 這樣的環繞聲技術，在多音箱系統的輔助下，的確能達到極佳環繞效果，但這些技術都是非互動性的，對於現在的互動遊戲和互動式軟體就顯得力不從心了。要在軟體應用中獲得這些真實互動的聽覺

體驗，就必須在回放聲音時模擬出這些互動音效，這就要求音訊處理系統能夠即時的計算出音訊的變化並回放出來。而 A3D Interactive 可以說是電腦上這一技術的先驅，一套支持 A3D 的應用程式加上 A3D 音效處理系統，就能產生極其真實的 3D 互動音效。

EAX 技術

EAX 全名為 Environmental Audio Extension，即「環境音效擴展」。這是創新公司在推出 SB Live 音效卡時所推出的 API 插槽標準，它憑藉 Soundblaster Live value 的主晶片 EMU10K1 的強大聲音處理能力，即時的實現聲音的混響、變調、回聲及延時等 3D 音效，即使是用麥克風輸入的聲音，也能即時的回放出經過環境音效處理後的聲音。

它主要是針對一些特定環境，如音樂廳、走廊、房間、洞窟等，作成聲音效果器，當電腦需要特殊音效時，可以透過 DirectX 和驅動程式讓音效卡處理，可以展現出不同聲音在不同環境下的反應，並且透過多件式音箱的方式，達到立體的聲音效果。

EAX 是一套公開的應用程式介面（API），目的是讓遊戲和軟體開發商在開發軟體時，透過 EAX 利用 E-mu 的環境建模技術（Environmental Modeling Technology）在遊戲中預設好不同場景的不同音效參數，如大廳、水下、房內等，在進行

遊戲時能方便的調用，例如玩家在房內時，就會調用預設好的相應環境音效參數使聲音變得閉塞，而當玩家來到大廳時，聲音又會變得空曠起來，從而實現逼真的環境音效。另外，對於支援 A3D 的遊戲或軟體，EAX 還可以透過 DirectX 間接調用 A3D，同樣能實現逼真的互動音效。

環境音效的核心主要是透過調節混響（Reverb）、合聲（Chorus）、原聲（Original Sound）的音訊參數，以及利用多音箱輔助定位來構造 3D 空間的。所以對於一些不支援 EAX 的遊戲或普通的軟體、影片，玩家可以透過 Live ／ Value 自帶的混音臺（Mixer）來調節各項音訊參數，使音效與軟體的場景互相搭配，也能達到極佳的效果。不過無論如何，像 PcWorks 4.1 這樣的多音箱環繞系統都是必不可少的。

SRS 技術

SRS（Sound Retrieval System，即「聲音補償系統」）是 SRS Labs Inc. 推廣的一種 3D 實感技術。SRS 認為：普通立體聲的聆聽範圍很小，聽者須坐在與兩音箱成等腰三角形的地方，而且即使是多音箱的環繞立體聲，其每個音箱中放出的聲音的各個單音也只是平面的，垂面對上的聲音十分空洞。而經過 SRS 處理後的聲音，其每個單音都是立體的，聽者無論在何種角度都能聽到極具 3D 感的聲音。

SRS 的核心同樣是利用了 HRTF，由於錄音設備不具備人

耳的構造，只能簡單的記錄下平面的聲音，埋沒了原本聲音的 3D 空間資訊。SRS 的原理就是根據 HRTF 並利用頻率響應糾正曲線（Frequecy Response Correction Curve），恢復和加強這些被埋沒的 3D 空間資訊，使回放的聲音變得立體、真實，只需要一對音箱就能使人完全置身於宏大、寬廣而且逼真的原聲場中。

　　比起 A3D 和 EAX，SRS 出道較早，它廣泛應用於電腦多媒體音效卡、音箱以及家庭劇院中。而且對軟體無任何要求，只要經 SRS 音效卡或 SRS 音箱回放出的聲音都極具 3D 空間感。

3D 音效的感知設備與讀取軟體

　　整體來說，這三種音效各有所長：A3D 勝在互動，EAX 贏在音效，而 SRS 的聲場寬廣、飽滿，且能與其他 3D 音效相結合，若將 SRS 與上面的 A3D、EAX 或 Dolby 結合起來（如 Live ／ MX300+SRS 音箱），那效果真的只能用「震撼」二字來形容了。接下來，便對現在市場上可提供 3D 音效的聽覺感知設備與軟體進行簡單總結。

■ Google Cardboard SDK

　　隨著行動終端設備的使用者數量持續上升，VR 在智慧型手機上的開發與應用也顯得越來越重要，如果要提升智慧型手機所帶來的 VR 體驗，透過提升聲音品質是效率最高的辦法。因

而，Google 在正式成立 VR 部門後，又針對 Cardboard SDK 提供立體聲的支援。

開發者可以利用最新的 Cardboard SDK 所提供的空間音效（Spatial audio）API，來定位聲音的來源，此外還能模擬現實場景的聲音。它將使用者頭部的生理特點與虛擬聲源的位置結合起來，以確定使用者聽到什麼東西。例如，來自右邊的聲音會到達使用者的左耳，而且到達的時間要略遲於右耳，同時高頻元素也更少（通常，顱骨會抑制這種聲音的傳播）。使用者在移動頭部的時候，與之相應的聲音也會發生強弱的變化，使用者甚至還能直接感受到聲音的來源方向。

Cardboard SDK 還能由開發者指定虛擬環境的大小和構成材料，這兩種東西都與特定聲音的品質有關。例如，如果你在密閉的宇宙飛船中談話，那麼聽上去你所發出的聲音與你在同樣虛擬條件下站在地面上（或者其他不同的地方）所發出的聲音是不一樣的。

因此，Cardboard SDK 將能為 VR 的體驗者提供立體聲的效果，同時讓 Cardboard VR 的沉浸式體驗有所提升。

■ 三星 Entrim 4D

很多 VR 發燒友在使用過 VR 設備後，大多都會產生一種眩暈感，這是因為目前大部分的 VR 設備是透過眼睛去體驗的虛擬場景，而音效卻沒有讓耳朵產生對應的效果。在虛擬實境環

境中，使用者的眼睛雖然能夠從顯示器上「看到」、「感覺」得到物體或自己在運動，但實際上，身體是靜止的，音效也無法對內耳前庭產生刺激，和自己在真實世界的移動、旋轉不一致，這種視覺上的運動和身體上的靜止形成了矛盾關係，這才造成使用者覺得眩暈、不舒服，這種感受嚴重影響了使用者的體驗感。

而就在 2016 年 3 月，三星推出了一款 Entrim 4D 耳機，如圖 3-26 所示，這款耳機旨在解決 VR 體驗時產生的眩暈症問題。這款設備結合了內耳前庭刺激和電腦運算法，達到讓使用者產生身臨其境之感並且不會眩暈的目的。

圖 3-26 Entrim 4D

所謂的「內耳前庭刺激」是指內耳裡不僅有負責聽覺的耳蝸，還有負責平衡的前庭，前庭能讓人產生自己正在運動的感

覺。Entrim 4D 耳機就是透過電流刺激內耳，讓它認為玩家真正在運動。這樣一來，人就能夠有更真實的 VR 體驗，而且也不會感到眩暈了。

　　Entrim 4D 被形容為一款 VR 的動作感應耳機，耳機內建的電極會讓使用者與 VR 預處理的動態資料互動，將同步後的電子訊號傳遞給耳朵內的神經，並且與螢幕中的動態畫面同步，於是使用者便會隨螢幕內容做出生理反應，從而讓使用者產生身臨其境之感。

■ Coolhear V1

　　Coolhear V1 是由從 VR 轉戰而來的深圳東方酷音訊息技術有限公司推出的一款主動降噪耳機，如圖 3-27 所示，全稱是 Coolhear 3D & ANC V1。如果說 Oculus Rift 可以把使用者帶入「虛擬實境」，那麼當戴上 Coolhear V1 3D 全息聲耳機後，就可以讓「虛擬實境」變成「現實」。

圖 3-27 Coolhear V1

作為全球首款 360°全息聲耳機，Coolhear V1 以 360°全息音訊和 ANC 有源降噪為主要賣點。時下眾多頭盔產品，使用者只需要搭配 Coolhear V1，就可以隨時隨地觀看 360°影片，享受真正的視聽盛宴，並且可以不受外界噪聲的干擾。

在主動降噪的項目上一般分為前饋式和回饋式。前饋式是指麥克風與喇叭單元這兩部分隔離開的設計，採集聲音的麥克風被設計在腔體的外面。這樣做的好處是發聲單元所產生的聲音不容易被麥克風收集到，對於聽感影響較小。麥克風在採集外部噪聲聲波之後，透過函數處理，讓發聲單元能夠產生與噪聲相反的聲波（相位差 180°）從而中和噪聲。

而回饋式則是指將採集聲音的麥克風做在腔體的內部，位於發聲單元的附近，好處是能夠採集到的噪聲更接近人耳能夠聽到的噪聲。但缺點也顯而易見，如果運算法不夠優秀可能會把音源的部分聲音當成噪聲，造成聲音的失真現象。所以做得不好的回饋式降噪功能開啟之後，聲音細節反而會遺失較多。

在選擇降噪方式上，Coolhear V1 選擇了前饋回饋結合的混合式降噪方式（即在外部和內部都有麥克風來收集噪聲），這種降噪方式雖然能最大限度的收集噪聲，但對運算法函數的要求也非常高。

除此之外，Coolhear V1 還具有強大的聲像場互動能力，以及大量 3D 音源作內容支援：推出了 Coolhear 3D APP 和 Coolhear 3D 音效 SDK（對於音樂 APP、FM 等的意義不容

小覷）。最直接的是，它可以讓使用者 UGC，生成互動性強、極具場感的音訊內容，戴上 Coolhear V1 聽 3D 音樂，聲音會隨頭部轉動改變方向。例如，喜愛玩遊戲的朋友會發現，普通的遊戲耳機為了模擬不同方位的聲音，通常需要安裝多個喇叭來實現，這樣既損傷了耳機的便攜性，對聽力的傷害也顯而易見。而這款產品對於空間聲場的還原，卻是透過先進運算法來實現的，僅憑兩個喇叭就可以實現 360° 的清晰辨位，所以即使長時間配戴也可以做到不熱、不暈、不夾頭。

據了解，Coolhear 3D 為適配 Coolhear V1 耳機，將陸續推出上千首高品質 3D 歌曲，滿足使用者的聽音需求。同時，新版 APP 更增加了對音樂播放的支援，普通的 2D 歌曲也可以透過「3D 環繞」功能進行一鍵即時轉換。後續還會推出更多好玩的功能，例如搖一搖聽歌、跟著歌曲打節拍等。

3.3.3　語音辨識

自從 1952 年貝爾實驗室的戴維斯等人研究成功了世界上第一個能辨識 10 個英文數字發音的實驗系統後，時隔八年，英國的德內斯等人研究成功了第一個電腦語音辨識系統。

在進入了 1970 年代以後，語音辨識在小詞彙量、孤立詞的辨識方面獲得了實質性的進展。進入 1980 年代，研究的重點逐漸轉向大詞彙量、非特定人連續語音辨識。

而到了 1990 年代，語音辨識技術在應用及產品化方面出現

了很大的進展，最終在 21 世紀使語音辨識能用於行動終端的人工智慧助理上，如蘋果手機的 Siri，如圖 3-28 所示。

圖 3-28 iPhone 的 Siri

　　VR 的核心是虛擬實境，即意味著滑鼠、鍵盤等實體外部設備控制器對 VR 產品的操作可能並不適用，VR 需要擺脫手，那麼語音辨識就自然而然成為互動形式上最理想的手法。一直以來，與機器進行語音交流，能讓機器明白你說什麼，是人們長期以來夢寐以求的事情。語音辨識方法主要是模式匹配法，而它的模型通常由聲學模型和語言模型兩部分組成，分別對應於語音到音節機率的計算和音節到字機率的計算。而語言模型主要分為規則模型和統計模型兩種，統計語言模型是用機率統計的方法來揭示語言單位內在的統計規律，其中 N-Gram 簡單有效，被廣泛使用。曾有科學家認為，語音是電腦領域最有前景

的技術之一，將推動手機的革命，以及物聯網的變革，其應用領域包括汽車介面、家用設備和可穿戴設備等。未來語音辨識會對我們的技術帶來翻天覆地的變化。

　　VR 的語音辨識系統讓電腦具備人類的聽覺功能，是人與機器以語言這種人類最自然的方式進行資訊交換。VR 系統中的語音辨識裝置，主要用於合併其他參與者的感覺道（聽覺道、視覺道），它必須根據人類的發聲機理和聽覺機制，為電腦配上「發聲器官」和「聽覺神經」。當參與者對微音器說話時，電腦將所說的話轉換為命令流，就像從鍵盤輸入命令一樣。語音辨識系統在大量資料輸入時，可以進行處理和調節，像人類在工作負擔很重的時候將暫時關閉聽覺道一樣。不過在這種情況下，將影響語音辨識技術的正常使用，在 VR 系統中，最有力的也是最難的是語音辨識。

　　處在虛擬實境場景裡，被大量的資訊淹沒了的使用者，許多都不會理會視覺中心的指示文字，而是環顧四周不斷發現和探索。如果這時給出一些圖形上的指示還會干擾到他們在 VR 中的沉浸式體驗嗎？所以最好的方法就是使用語音，和他們正在觀察的周遭世界互不干擾。這時如果使用者和 VR 世界進行語音互動會更加自然，而且它是無處不在、無時不有的，使用者不需要移動頭部和尋找它們，在任何方位任何角落都能和它們交流。

目前有一個叫 Project Intimate 的技術，可以讓使用者根據語音指令看到遊戲角色的移動和反應。它的潛在應用包括透過語音指令來與虛擬角色進行互動，單獨透過語音指令來操作擴增實境中的虛擬寵物或者電子桌上遊戲，如圖 3-29 所示。該技術基於一個連接到「自然語言單字」的動畫動作庫，根據語音指令生成一個動畫到另一個動畫的轉變。動畫程式化混合和適應可以確保動畫適應周圍的環境。

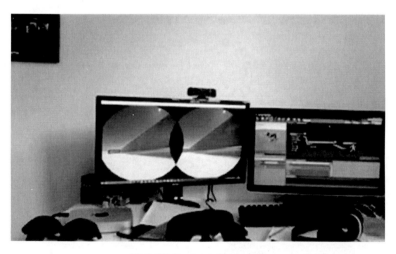

圖 3-29 Project Intimate

VR 之所以這麼受人追捧，最主要的原因是它具有前所未有的沉浸感和臨場感，而這兩點主要是透過人們的視覺追蹤和聽覺辨位來實現的，二者相互配合，缺一不可。目前能夠將使用者帶進虛擬實境場景的視覺技術已經相當成熟，例如利用 VR

頭盔，使用者可以透過頭部運動來追蹤一個運動中的物體，但是聽覺部分還存在諸多問題，諸如聲音毫無方向感，無法精準定位空間位置，甚至無法實現基本的聽音辨位等，這使聽覺與視覺無法即時配合，嚴重影響了使用者的沉浸感體驗。

聲網 Agora.io 語音 SDK（如圖 3-30 所示）透過整合語音通話 SDK，獲得擁有即時高清音質、32khz 超頻的語音編解碼器 NOVA，是普通電話音質的 4 倍，可以實現 VR 畫面中聲音的立體化環繞，並提供多聲道音效系統，同時透過智慧化回聲消除和降噪功能，實現 VR 體驗中的「聽聲辨位」，讓使用者可以透過聲音精準定位空間位置，感受到來自四面八方環繞的聲音，實現良好的畫面沉浸感受。同時即時語音還可以完美的與遊戲背景音樂融合，大大增加使用者的臨場感。

圖 3-30 聲網 Agora.io 語音

在現階段，對於 VR 的應用主要表現在遊戲方面，受限於手機終端，手機遊戲主要透過文字、圖片等 IM 通信進行互動，遊戲和社交不能同時進行；玩家互動體驗碎片化，尤其是在資料、音樂、影片的傳輸上，延遲是玩家最不能忍受的。而透過整合聲網 Agora.io 的語音通話 SDK，依託全球部署的虛擬通信網路，玩家就可以透過即時語音進行交流，雙手得以解放，遊戲、社交可謂兩不耽誤。

不僅如此，面對時下最流行的電競直播行業，聲網 Agora.io 已與競技時代公司進行合作，共同致力於開發 VR 電競直播項目，旨在實現 WVA 賽事萬人同時在線觀看。VR 電競直播將從第一視角、第三視角、上帝視角等為使用者提供獨特的多人對戰體驗，讓使用者全方位感受與眾不同的逼真超炫酷的「聲影結合」VR 直播技術。

Holoera 是 2016 年 7 月由 Gowild 在北京發表全球首款 AI 全息 3D 科技產品。它是一個 AI 全息 3D 主機，以最新的 AI 引擎與 VR 技術相結合，採用最新一代奈米技術及 Intel 高性能 CPU，外殼是太空鋁合金配以高分子注塑技術，包括人臉辨識、人體感應、升溫辨識等在內的多模態辨識系統，使之更具人性化、智慧化。

如圖 3-31 所示，這位名為「琥珀」的二次元魔法美少女就住在 Holoera 內，她可以擁有最合適的聲音，可御姐、可蘿

莉，同時 Holoera 主機中添加了語言對話辨識系統，使用者能
透過語音聲控訓練技能，讓琥珀更換不同的衣服，並與周圍的
人進行無障礙交流互動和情感陪伴。

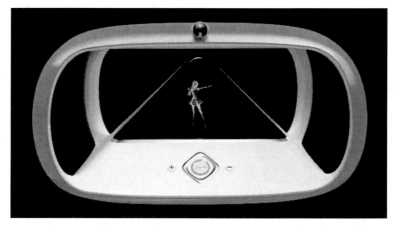

圖 3-31 琥珀在 Holoera 內

3.4
能看能聽，還要摸得著 —— 互動設備

　　人體感知自然界的一切，除了透過視覺和聽覺兩大方面外，還必須依賴我們身體在觸覺上對物體的感知。而在人與電腦的交互設計發展史上，每一次設備的更新換代都是源於技術與人性的碰撞：從最初的紙帶打孔，發展到鍵盤輸入、滑鼠輸入，再到現在的觸摸操作、語音辨識，以及即將到來的 3D 手勢、眼動辨識，未來還會實現腦波控制、意念辨識等。每一次技術革新及產品升級，都會帶來重大的人機互動方式的變化。本節將延續前面兩節「視覺」和「聽覺」的內容，介紹「觸覺」在 VR 系統上的應用。

3.4.1　觸覺技術的發展歷史

　　觸覺是我們感知週遭一切的重要方式，它包括的感知內容更加豐富，如接觸感、質感、紋理感及溫度感等。在 VR 系統中如果沒有觸覺回饋，當使用者接觸到虛擬世界的某一物體時易使手穿過物體，從而失去真實感。解決這種問題的有效方法是在使用者互動設備中增加觸覺回饋。

　　觸覺技術又被稱作所謂的「力回饋」技術，在遊戲和虛擬訓練中一直有相關的應用。具體來說，它會透過向使用者施加某種力、震動或運動，讓使用者產生更加真實的沉浸感。觸覺技術可

以幫助在虛擬的世界中創造和控制虛擬的物體，訓練遠程操控機械或機器人的能力，甚至是模擬訓練外科實習生進行手術。

　　觸覺技術通常包含 3 種，分別對應人的 3 種感覺，即皮膚覺、運動覺和觸覺。觸覺技術最早用於大型航空器的自動控制裝置，不過此類系統都是「單向」的，外部的力透過空氣動力學的方式作用到控制系統上。1973 年 Thomas D. Shannon 註冊了首個觸覺電話機專利。很快，貝爾實驗室開發了首套觸覺人機互動系統，並在 1975 年獲得了相關的專利。

　　1994 年，Aura System 發表了 Interactor Vest（互動馬甲），一個可以穿戴的力回饋裝置，可以檢測音訊，並使用電磁動作器將聲波轉化為震動，從而產生類似擊打或踢的動作，如圖 3-32 所示。這套裝置發表後大受歡迎，很快賣出了 40 萬臺，然後 Aura 推出了新的 Interactor Cushion（互動靠墊），如圖 3-33 所示，其操控原理和 Vest 類似，但不是可穿戴的，而是作為靠墊讓人倚靠。Vest 和 Cushion 的報價都是 99 美元。

圖 3-32 可穿戴的力回饋裝置 Interactor Vest

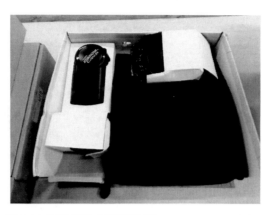

圖 3-33 可倚靠的力回饋裝置 Interactor Cushion

　　此外，部分遊戲操控器設備上也開始採用觸覺技術。早在 1976 年，Sega 就在摩托車競技遊戲《Moto-Cross》中採用了觸覺回饋技術，可以讓車把在和另外的車輛碰撞後產生震動。1983 年，Tatsumi 在 TX-1 中採用力回饋技術來提升汽車駕駛的遊戲體驗。2007 年，Novint 發表了 Falcon，這是首款消費級 3D 觸覺遊戲控制器。它是一種全新的 PC 遊戲輸入設備，準確來說是一個帶槍柄的手持瞄準器，如圖 3-34 所示。Novint Falcon 可以在遊戲中透過力回饋讓玩家獲得更多的遊戲場景回饋，甚至可以讓人感受到遊戲中每種武器不同的後座力。

圖 3-34 可產生力回饋的 Novint Falcon

　　2013 年，Valve 宣布發表 Steam Machines 微主機設備，配套的是一款新的名為 Steam Controller 的控制器，透過電磁技術產生較大範圍內的觸覺回饋。

　　2015 年 3 月，蘋果發表了自前任 CEO 賈伯斯離世後的首款新品類產品 Apple Watch。Apple Watch 上使用了 Force Touch（壓感觸控）技術，並很快用到了 Macbook 產品線上。而到了 2015 年 9 月，蘋果發表了全新的 iPhone 6s 系列手機，其中使用了 3D Touch 技術。該技術是 Force Touch 技術的升級版，可以實現輕點、輕按和重按 3 種程度的觸摸操作。

3.4.2 觸覺回饋的原理

觸覺回饋主要是透過氣壓感、震動觸感和神經肌肉模擬等方法來實現的。下面分別對這幾種方式進行介紹。

氣壓式觸摸回饋

氣壓式觸摸回饋是一種採用小空氣袋作為感測器的裝置。它由雙層手套組成，其中一個輸入手套來測量力，有 20 ～ 30 個力敏元件分布在手套的不同位置，當使用者在 VR 系統中產生虛擬接觸的時候，檢測出手的各個部位的受力情況。用另一個輸出手套再現所檢測的壓力，手套上也裝有 20 ～ 30 個空氣袋放在對應的位置，這些小空氣袋由空氣壓縮泵控制其氣壓，並由電腦對氣壓值進行調整，從而實現虛擬手物碰觸時的觸覺感受和受力情況。該方法實現的觸覺雖然不是非常逼真，但是已經有較好的結果。

震動式觸摸回饋

震動回饋是用聲音線圈作為震動換能裝置以產生震動的方法。簡單的換能裝置就如同一個未安裝喇叭的聲音線圈，複雜的換能器利用狀態記憶合金支撐。當電流透過這些換能裝置時，它們都會發生形變和彎曲。可以根據需求把換能器做成各種形狀，把它們安裝在皮膚表面的各個位置。這樣就能產生對虛擬物體的光滑度、粗糙度的感知。

神經肌肉模擬回饋

　　神經肌肉模擬回饋主要是透過向皮膚回饋可變點脈衝的電子觸感回饋和直接刺激皮層。例如德國哈索普列特納研究所人機互動（HCI）實驗室的一組研究團隊，製作了一款可被配戴在手臂或腿腳上的名為 Impacto 的原型機（如圖 3-35 所示），可以接入到虛擬實境設備當中，並模擬出與虛擬物體的接觸感，使配戴者真正感覺到物體的存在。

圖 3-35 Impacto

　　這款設備分為兩部分：一部分是震動馬達，能產生震動感；另外一部分是肌肉電刺激系統，透過電流刺激肌肉收縮運動。兩者的結合能夠為人們帶來一種錯覺，誤以為自己擊中了遊戲中的對手，因為這個設備會在恰當的時候產生類似真正拳擊的「衝擊感」。但這種方式回饋的觸覺還比較粗糙，因為生物技術水準無法利用肌肉電刺激來高度模擬實際的感覺。相比神經肌肉模擬回饋、氣壓式觸摸回饋和震動回饋要安全得多。

　　了解了觸覺回饋技術的應用原理，接下來便對目前市場上較主流的幾類回饋裝置進行介紹。

3.4.3　數位手套

　　數位手套（Data Glove）是美國 VPL 公司 1987 年推出的一種傳感手套的專有名稱，現在數位手套已經成為一種廣泛使用的輸入傳感設備，用於檢測使用者手部活動的傳感裝置，並向電腦發送相應的電訊號，從而驅動虛擬手模擬真實手的動作，如圖 3-36 所示。數位手套是實現虛擬實境技術的互動設備之一，是一種多模式的虛擬實境硬體，透過軟體編寫程式，可進行虛擬場景中物體的抓取、移動、旋轉等動作，它不僅把人手姿態準確、即時的傳遞給虛擬環境，而且能夠把與虛擬物體的接觸資訊回饋給操作者，使操作者以更加直接、自然、有效的方式與虛擬世界進行互動，極大增強了互動性和沉浸感。

圖 3-36 數位手套

　　它作為一隻虛擬的手或控制項用於 3D VR 場景的模擬互動，可進行物體抓取、移動、裝配、操縱、控制，有有線和無線、左手和右手、5 個感測器和 14 個感測器之分。5 觸點數位手套主要是測量手指的彎曲（每個手指一個測量點），14 觸點數位手套主要是測量手指的彎曲（每個手指兩個測量點）。手套透過 USB 線與電腦相連，也有單獨為序列埠使用者設計的介面，可用於多種 3D VR 或視景仿真軟體環境中。一般來講，數位手套通常必須與六自由度的位置追蹤設備同時結合使用，以辨識 3D 空間的位移資訊，達到真正的虛擬人手的動作和位置追蹤。

　　數位手套的出現，為虛擬實境系統提供了一種全新的互動方式，目前的產品已經能夠檢測到手指的彎曲，並利用磁定位感測器來精確定位出手在 3D 空間中的位置。這種結合手指彎曲度測試和空間定位測試的數位手套被稱為「真實手套」，可以為使用者提供一種非常真實、自然的 3D 互動方式。在虛擬裝配和醫療手術模擬中，數位手套是不可缺少的虛擬實境硬體組成部分。

數位手套的分類

　　數位手套一般按功能需求可以分為：虛擬實境數位手套（又被稱為「動作捕捉數位手套」或「真實手套」）和力回饋數位手套兩種，這兩種數位手套本身不提供與空間位置相關的資訊，必須與位置追蹤設備連用。

■ 虛擬實境數位手套

　　虛擬實境數位手套設有彎曲感測器，彎曲感測器由柔性電路板、力敏元件、彈性封裝材料組成，透過導線連接至訊號處理電路；在軟性電路板上設有至少兩根導線，以力敏材料包覆於軟性電路板，再在力敏材料上包覆一層彈性封裝材料，軟性電路板留一端在外，以導線與外電路連接。它不但能把人手姿態準確、即時的傳遞給虛擬環境，而且能夠把與虛擬物體的接觸資訊回饋給操作者，使操作更加直接，更加自然，以更加有效的方式與虛擬世界進行互動，大大增強了虛擬實境的互動性和沉浸感。並為操作者提供了一種通用、直接的人機互動方式，特別適用於需要多自由度手模型對虛擬物體進行複雜操作的虛擬實境系統。

■ 力回饋手套

　　力回饋手套的主要作用是借助數位手套的觸覺回饋功能，使用者能夠用雙手親自「觸碰」虛擬世界，並在與電腦製作的3D 物體進行互動的過程中，真實感受到物體的震動。觸覺回饋能夠營造出更為逼真的使用環境，讓使用者真實感觸到物體的移動和反應。此外，系統也可用於資料視覺化領域，能夠探測出地面密度、水含量、磁場強度、危害相似度，或光照強度相對應的震動強度。

第 3 章　打開夢遊仙境的鑰匙

數位手套的應用

數位手套可用於不同的應用領域,包括:機器人技術、動作捕捉、虛擬實境、創新遊戲、復原,以及對殘障人士的輔助等。現在市場上已經有很多款數位手套了,其中比較有代表性的有 5DT、FakeSpace 的 PINCH Glove、Measurand ShapeHand 等產品。

■ 5DT 數位手套

5DT 公司是一家專業生產 VR 產品的高科技公司,負責開發、生產並銷售 VR 硬體、軟體和系統,並為客戶開發整套完備的 VR 系統。其中 5DT 數位手套便是他們的一個主要開發方向,如圖 3-37 所示。這款手套的設計是為了滿足那些從事運動捕捉和動畫工作的專家們的嚴格需求。它使用簡單、操作舒適、驅動範圍廣,彈力纖維布料適合各種手型。高品質資料使它成為虛擬實境使用者的理想工具,該產品具有配戴舒適、簡單易用、波形係數小,以及驅動程式完備等特點。

圖 3-37 5DT 數位手套

　　5DT 數位手套具有高階的感測器技術，資料干擾被大大降低，能夠在一個更大的範圍內提供更加穩定的資料傳輸。它具備基於高頻寬的最新的藍牙技術功能，無線連接範圍達 20 公尺，電池能提供 8 小時的無線通訊，在需要的時候電池能在數秒鐘之內更換完畢。5DT 數位手套擁有跨平臺的 SDK，兼容 Windows、Linux、UNIX 操作系統，能在沒有 SDK 的情況下進行通訊，並且它開放式的和跨平臺的序列埠可完全滿足工作站和嵌入式應用。

■ PINCH Glove 數位手套

　　Fakespace 的 PINCH Glove 數位手套採用的是合成布料，在每個指尖都設有電子感測器，捏住任何兩個（或兩個以上）手指都能夠完成一個完整的路徑和一個複雜的動作，如圖 3-38 所示。這些感測器可以傳遞手指之間的動作資料，同時還可以將複雜的動作資料與個別手指動作相連繫，進行編輯和應用。使用者可以自己定義一個手勢用來抓取虛擬物體，或是做出拉或折手指的動作，代表動作的開始等。以手勢為主的介面系統，PINCH Glove 數位手套可以讓開發者或使用者在虛擬的場景中，利用各種不同的手部動作與場景中的虛擬對象產生各種樣式的互動模式。

圖 3-38 PINCH Glove 數位手套

　　PINCH Glove 數位手套是一個性能可靠、使用成本低的辨識真實行為的系統，使用者可輕易的分辨不同的手勢，進而深入了解其所代表的意義：使用數位手套，這種動作可以抓住一個虛擬的物體，捏住中指和大拇指則執行一個動作。手 - 行為介面系統可以讓開發者和沉浸式應用系統的使用者在虛擬環境中實現手的互動。除此之外，Fakespace 的其他產品和虛擬環境技術還包括硬體介面、軟體和外圍設備。

■ ShapeHand 數位手套

　　Measurand 的 ShapeHand 數位手套，是一款無線攜帶式輕型手動作捕捉系統，它附帶專用軟體，配有柔韌性極強的條帶，可即時實現動作捕捉瀏覽、錄製和同步化。其手套動作捕捉系統在外形尺寸上有很大侷限性，只適合一小部分人使用，而 ShapeHand 能夠適用於不同手形和手掌尺寸的使用者。該產品極具靈活性的感測器並非實際固定在手套上，而是採用與

手套連接的方式，可與手套組件進行輕鬆的連接或分離，從而可以適應不同手型的需求。ShapeHand 動作捕捉系統配有中號和小號手套，可適用於大部分手型尺寸，如圖 3-39 所示。

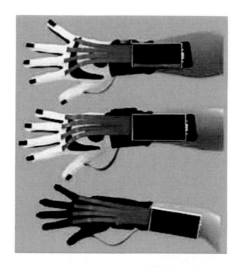

圖 3-39 ShapeHand 數位手套

ShapeHand 數位手套系統由兩部分組件構成，即感測器資料捕捉組件和手套組件。ShapeHand 的手套組件採用皮製的運動手套，可任意更換以滿足不同配戴者的尺碼，不需要時也可隨時摘下。ShapeHand 整合了 ShapeWrap II 動作捕捉系統，可對雙手和身體進行同時、即時的動作捕捉，在左右兩手上都可配戴，除非使用者需要同時捕捉雙手動作，否則通常情況下只須使用一個 ShapeHand 即可捕捉左右兩隻手，同時 ShapeHand 也可與其他動作捕捉系統和服飾結合使用。

3.4.4　力矩球

在虛擬實境中，我們需要知道使用者的頭部與手部位置及使用者的方位，並將資料報告給虛擬實境系統，以便確定處於虛擬世界中的使用者的視點與視線方向，方便虛擬世界場景的顯示能夠跟得上使用者的視覺。

而要檢測使用者頭與手在 3D 空間中的位置和方向，一般要追蹤 6 個不同的運動方向，如圖 3-40 所示，即沿 X、Y、Z 座標軸方向的移動和繞 X、Y、Z 軸的轉動。由於這幾個運動都是相互正交的，因此共有 6 個獨立變量，即對應於描述 3D 對象的寬度、高度、深度、俯仰角、轉動角和偏轉角，所以稱為「六自由度」，可以扭轉、擠壓、拉伸，以及來回搖擺，用來控制虛擬場景做自由漫遊，或者控制場景中某個物體的空間位置及方向。

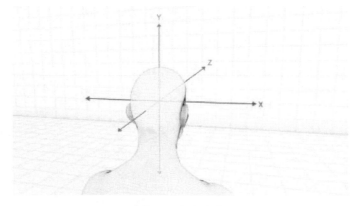

圖 3-40 六自由度

　　力矩球（也稱作「空間球」Space Ball）就是一種可提供為六自由度的外部輸入設備，它安裝在一個小型的固定平臺上。力矩球通常使用發光二極管來測量力，透過裝在球中心的幾個張力器測量出手所施加的力，並將其測量值轉化為 3 個平移運動和 3 個旋轉運動的數值送入電腦中，電腦根據這些數值來改變其輸出顯示。力矩球在選擇對象時不是很直覺，一般與數位手套、立體眼鏡配合使用。

　　平時，我們一般都是使用滑鼠和鍵盤來作為電腦的輸入設備，這些設備往往只能實現 X 軸和 Y 軸的 2D 操作，而在 3D 設計人員的眼中，如何使輸入設備達到在立體空間的操作，使在設計時的 3D 建模和回看變得更加簡單是非常值得研究的。力矩球就通常被應用到 VR 手把之中，來達到感應玩家所處的位置和角度的作用。下面便介紹幾款有代表性的輸入設備。

SpaceBall 5000 運動控制器

　　來自於 3D connetion 的 SpaceBall 5000 運動控制器，如圖 3-41 所示，SpaceBall 5000 是以最大限度的提升苛刻的 3D 軟體應用為目的來進行設計的，它可以讓使用者將兩手充分利用起來，從而最大限度的挖掘應用軟體的性能。

圖 3-41 SpaceBall 5000

　　這款控制器能讓使用者擁有所期望的舒適性和效率。它透過 12 個可編輯按鍵，可以將功能和大量使用的按鍵設定在適當的位置。透過和傳統的滑鼠結合使用，可以以更有效和平衡的方式來工作。透過一隻手中的控制器進行平移、縮放、旋轉模型、場景、相機的同時，另一隻手可以用滑鼠進行選擇、檢查、編輯。全球有超過 25 萬名設計和動畫製作人員感受著由 3D connetion 所帶來的雙手並用的工作模式，並有超過 100 種軟體支援該種模式。

　　此外，SpaceBall 5000 還消除了一些會讓使用滑鼠的手增加無謂壓力的單一和重複的步驟。使用了 3D connetion 運動控制器的使用者，可以在生產效率方面最高提升 30%，而在滑鼠的重複移動上至少降低了一半。

PS Move

PS Move（PlayStation Move，動態控制器）是 SONY 在 2010 年為 PlayStation 3 打造的體感設備，手把上端附帶著發光的小球，有些類似於電視機的遠程控制棒，是一款專門為 PS VR 射擊遊戲《Farpoint》設計的遊戲外部設備，如圖 3-42 所示。

圖 3-42 PS Move

PS Move 不僅會辨識上下左右的動作，還會感應手腕的角度變化，它的手把內部有一個三軸陀螺儀、一個三軸加速，以及一個地球磁場感應器，再加上 PSEYE 的空間定位，能夠將 PS Move 手把的任何操作細節 1：1 的還原到遊戲中。所以無論是運動般的快速活動還是用筆繪畫般細膩的動作，也能在 PS Move 中一一重現。動態控制器亦能感應空間的深度，令玩家恍若置身於遊戲中，感受逼真的、輕鬆的遊戲體驗。

PS Move 是 SONY 新一代體感設備，它和 PlayStation 3 USB 攝影機結合，創造全新的遊戲模式。PS Move 需要與 PS

EYE 攝影鏡頭配合使用，攝影鏡頭透過 RGBLED 發光源的燈泡作為主動標記點來確定其在 3D 空間中的位置，遊戲開發者可以根據遊戲進行過程中的情況改變球的色彩。

　　PS Move 手把內建慣性感測器，動作感應運算是由 CELL處理器中的一個 SPE 協同處理器負責的，就算是同時 4 個手把的運算也只需要使用一個 SPE 協同處理器，不過這樣會導致延遲加劇，因此 SONY 鼓勵玩家同時使用兩個 PS Move，不過對於更需要多人玩的聚會型遊戲，由於對感應速度沒有太高要求，所以 4 人玩也不會有太大問題，但如果是需要同時使用 PS Move 手把和副手把，就只能同時兩人玩。

Razer Hydra

　　Razer（雷蛇）在 2011 年 4 月發布的 Hydra 是世界上首個個人電腦的體感控制器，它可以讓使用者的肢體動作如實的反映在遊戲中。具體來說，Razer Hydra 使用了磁感應技術，球形底座基站放出弱磁場，並用此來感應控制器的距離和方向。它可以精確的感應出玩家手中控制器的準確位置和角度，如圖 3-43 所示。並且控制器的延遲非常低，而感應精確度極高，甚至可以感應出細微至毫米的動作，將帶給使用者前所未有的體驗。

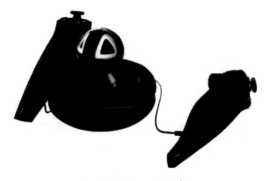

圖 3-43 Razer Hydra

　　雖然 VR 並非 Razer Hydra 的初衷，但有不少人使用它作為 VR 互動設備，例如 Linden Labs 公司（知名遊戲《第二人生》〔 *Second Life* 〕的營運商）的 CEO —— 菲利普‧羅斯戴爾（Philip Rosedale）。在一次 SEA-VR 大會上，Rosedale 透過 Hydra 向人們示範最新 VR 遊戲《虛擬玩具室》（*Virtual toy room*）。就目前來說，Razer Hydra 已經可以支援超過 125 款流行的 PC 遊戲，同時為玩家帶來舒適的遊戲感受。

　　透過 Razer Hydra，玩家可以在坐著時只須將雙手放在椅子扶手上，就可以靠手腕的運動很舒適的完成操作，而不像其他體感設備那樣需要很大的動作幅度。Razer Hydra 控制器並不重，造型也比較符合人體工學，拿在手中很舒服，適合長時間遊戲。

3.4.5　操縱桿

　　VR 的操縱桿是一種可以提供前後左右上下 6 個自由度及手指按鈕的外部輸入設備，適合對虛擬飛行等的操作。由於操縱桿採用全數位化設計，所以其精度非常高。無論操作速度多快，它都能快速做出反應。操縱桿的優點是操作靈活方便、真實感強，相對於其他設備來說價格低廉；缺點是只能用於特殊的環境，如虛擬飛行。操縱桿與之前所提到過的力矩球，很多時候都被用來組合運用在 VR 手把上。

　　操縱桿的基本原理是將塑膠桿的運動轉換成電腦能夠處理的電子資訊。這種基本的設計包括一個安放在帶有彈性橡膠外殼的塑膠底座上的操縱桿，以及在底座中操縱桿正下方位置裝有一塊電路板，電路板由一些「印刷電路」組成，並且這些電路連接到幾個接觸點上。然後，從這些觸點引出普通電線連接到電腦。

　　印刷電路構成了一個簡單的電路（該電路由一些更小的電路構成）。這些電路僅僅將電流從一個觸點傳送到另一個觸點。當操縱桿處於中間位置時，也就是當你還未將操縱桿推向任何一邊時，除了一個電路之外的所有其他電路均處於斷開狀態。由於每條電路中的導體材料並沒有完全連接，因此電路中沒有電流通過。

　　每個斷開部分的上方覆蓋著一個帶有小金屬圓片的簡單塑膠按鈕。當使用者朝任意方向移動操縱桿時，操縱桿便會向下

擠壓其中的一個按鈕，使導電的金屬圓片接觸到電路板。如此一來，就可以閉合電路，完成兩個電路部分的連接。電路閉合之後，電流就會從電腦（或遊戲控制臺）沿著一條電路流過，穿過印刷電路，透過另外一條電路返回電腦（或遊戲控制臺）。不同操縱桿技術的差別主要表現在它們所傳送的資訊的多少。

在遊戲方面，有很多 VR 遊戲並以一定要求使用者進行空間上的移動，例如當我們模擬飛船駕駛艙時，最直覺的操作感受就是可以坐在駕駛艙裡手握各種搖桿去控制飛船的飛行系統。而想要讓 VR 飛行遊戲變得更加逼真，那麼一個控制操作桿自然是不可或缺的。在 2016 年的 E3 遊戲大會上，Frontier Developments 和遊戲周邊設計及製造商 Thrustmaster 合作為《精英：危機四伏》（*Elite:Dangerous*）這款虛擬實境（VR）太空模擬遊戲製作了一款名為 T.16000M FCS HOTAS 的操縱桿，如圖 3-44 所示。

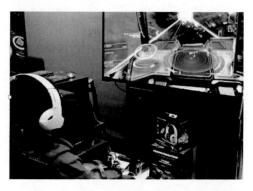

圖 3-44 玩家在用 T.16000M FCS HOTAS 操縱桿玩遊戲

　　這款操縱桿既可用於「飛行控制系統」，也可用於「油門和
變速桿系統」，實屬兩用系統。並且操縱桿兼容電腦，使用一條
USB 線即可連接。並且，對於一些複雜的飛行模擬遊戲，這款
操縱桿能夠讓玩家更加自如的控制飛行器的飛行方向與速度，
而且手握操縱桿的手感讓人有種自己在駕駛真正的飛行器的錯
覺。它能夠靈敏的控制飛行器的飛行方向及速度，而在手指方
便按到的地方還有一些按鈕可供玩家自定義，例如發射子彈等
功能。

3.4.6　其他的觸覺回饋裝置

　　2013 年，Tactical Haptics 開發了一款觸覺控制器，如
圖 3-45 所示。該設備是透過 3D 列印製作而成的，包括手工組
裝的支架，以及背面為 Vive 控制器準備的皮套，Vive 控制器
提供了 Tactical
Haptics 觸覺回
饋控制器所需要
的位置追蹤功
能，所以它可以
完全專注於觸覺
回饋。

圖 3-45 Tactical Haptics 回饋控制器

3.4 能看能聽，還要摸得著—互動設備

　　透過提供動覺（皮膚操縱和摩擦）該控制器可以欺騙大腦，自動產生觸覺。在這款運動控制器內部，有一個新型的觸覺回饋設備，它可以模擬手上摩擦力的感覺，讓使用者覺得自己是真的在 VR 環境中握著裡面的物品，為使用者帶來與普通的運動控制器去觸碰完全不一樣的沉浸體驗。

　　一家名為 MIRAISENS 的日本科技公司在 2014 年公布了一項 3D 觸覺技術，這項技術包括一個虛擬實境的頭戴設備，一個戴在手腕上的小盒子，以及連接到指尖的硬幣形、筆形或者棍形的植入裝置，如圖 3-46 所示。這套裝置能夠讓使用者「感覺」到虛擬物體，例如來自按鈕的阻力，讓使用者可以透過視覺圖像和外戴於指尖的震動裝置協同作用產生觸覺回饋，讓使用者能夠「摸」到虛擬物品。

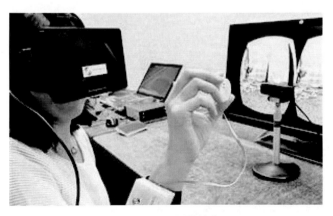

圖 3-46 3D 觸覺技術

第 3 章　打開夢遊仙境的鑰匙

　　體驗者需要戴上一款虛擬實境頭戴設備（例如 Oculus 的系列產品），在與手腕套上相應的體驗裝置，透過手腕裝置對手持裝置的觸覺模擬，從而實現與虛擬實境的無縫拼接。這款觸覺模擬裝置也可與其他穿戴式設備完美兼容，其功能不僅限於透過壓力來產生觸感，其甚至可以模擬肌肉的運動感。此技術還可應用到工業生產中，因為物理觸感的加入，能夠在生產過程中對機器人實現更精確的遠程操作。

　　VR 的觸覺回饋設備還有很多，例如 Oculus Touch 的觸覺回饋、Tactical Haptics 觸覺控制器等。除了以上介紹的幾款主要作用於手的觸覺回饋設備外，還有結合了智慧感應環、溫度感測器、光敏感測器、壓力感測器、視覺感測器等各種感測器的 VR 套裝 —— Teslasuit 智慧緊身衣。Teslasuit 緊身衣分為 Prodigy（奇蹟）和 Pioneer（先鋒）兩個版本，在感測器數量和功能上略有不同，Prodigy 在全身布有 52 個感測器，Pioneer 則僅有 16 個，如圖 3-47 所示。穿上這套設備，即可切身體會到虛擬實境環境的變化，例如可感受到微風的吹拂，甚至在射擊遊戲中還能感受到中彈的感覺等。

Prodigy奇跡版
共52個感測器

Pioneer先鋒版
共16個感測器

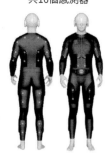

圖 3-47 Teslasuit 智慧緊身衣

3.5　位置追蹤設備

　　當使用者戴著 VR 頭盔進行位置移動時，他在那個虛擬的環境（畫面）中也會做出同樣的位置移動，例如使用者向左轉了 90°，那麼他在畫面中的視角也會轉動 90°，這便是「位置追蹤」。而顧名思義，就是追蹤使用者在虛擬實境世界的位置變化。

　　事實上，判斷使用者位置只是位置追蹤的一個表面作用，它更深層次的意義在於消除使用者在虛擬實境體驗中的眩暈感。因為只有位置追蹤精準，我們在現實中做的動作和虛擬環境中的動作一致時，在虛擬實境中的沉浸感才能升級上去，從而徹底消除眩暈感。所以單純的靠提升更新率和影格率是解決不了眩暈的，這也是為什麼人們玩 HTC Vive 時不會頭暈噁心，而手機盒子上的更新率和影格率宣傳得再高，人們也會照樣難受的原因。

　　很多人容易把位置追蹤和動作捕捉弄混，實際上它們還是有一定差別的：位置追蹤設備追蹤的是頭盔的位置和距離，如果頭盔不動，使用者即使在體驗過程中做一些其他身體部位的運動，在畫面中也是沒反應的。而動作捕捉就不一樣了，只要身體部位有配套的感測器，只要使用者在現實中做了運動，相應的，在虛擬實境畫面中也會做出同樣的運動。

　　那麼目前的位置追蹤是如何實現的呢？答案是，大多是

靠紅外線攝影鏡頭和頭盔上的感應點來實現精準定位，即一個發射訊號，一個收集訊號。而虛擬實境中的位置追蹤技術大致有五種：磁力追蹤、聲學追蹤、慣性追蹤、光學追蹤和利用 Depth Map 的追蹤，分別介紹如下。

磁力追蹤

　　磁力追蹤是透過衡量不同方向上磁場的強弱來實現的。通常會用一個基站發出交流、直流或脈衝直流勵磁。當檢測點和基站之間的距離增大時，磁場就會減弱。而當檢測點發生轉動，磁場在不同方向上的分布就會發生變化，因此也能檢測方向。使用磁力追蹤的產品代表有 Razer 雷蛇的 PC 體感控制器 Hydra。從使用者實際體驗來看，Hydra 具有相當不錯的體驗感受，如圖 3-48 所示，只是有線連接的方式會為體驗帶來一些困擾。

圖 3-48 透過磁力追蹤定位的 Hydra 可以提供相當流暢的沉浸體驗

磁力追蹤在特定環境下可以達到較高的精度（Hydra 可以支援 1mm 的位置精度及 1°的轉向精度）。但如果其周圍有導體、電子設備或磁性物體就會受到干擾。

聲學追蹤

聲學追蹤測量一個已知聲音訊號到達已知接收器所用的時間。通常會使用多個發射器，並對應多個安裝在被追蹤物上的接收器（麥克風）。當發射時間可知，透過接收到訊號的時間就可以得出距離發射器的距離。當被追蹤物體上安裝有多個接收器，透過它們收到訊號時間的差異就可以判斷被追蹤物體的方向。採用聲學追蹤方式的產品有 Intersense 公司的 IS-900 位置追蹤器，如圖 3-49 所示。

圖 3-49 IS-900 位置追蹤器

聲學追蹤設備調試過程很費時，而且由於環境噪聲會產生誤差，精度不高。所以聲學追蹤技術通常和其他設備（如慣性追蹤設備）共同組成「融合感應器」，以實現更準確的追蹤。

第 3 章　打開夢遊仙境的鑰匙

慣性追蹤

　　慣性追蹤使用加速度計和陀螺儀實現。加速度計測量線性加速度，根據測量到的加速度可以得到被追蹤物的位置（準確的說，是相對一個起始點的位置）；陀螺儀測量角速度，陀螺儀是基於 MEMS 技術的零件，一個旋轉物體的旋轉軸所指的方向在不受外力影響時，是不會改變的。同樣，根據在受到外力影響時，它的旋轉軸會發生轉動，根據轉動時的角速度可以算出角度位置（準確的說，是相對一個起始點的角度）。

　　慣性追蹤的優點是十分便宜，能提供高更新率及低延遲。但缺點是會產生飄移，特別是在位置資訊上，因此很難僅依靠慣性追蹤確定位置。

　　目前的行動 VR 設備均應用了慣性追蹤方案，或直接就採用手機的陀螺儀與加速度計。借助該技術方案，行動 VR 主要用來檢測頭部動作（包括方向和運動），並能作為部分 VR 內容的互動方式，但首先需要解決好飄移問題，否則會帶來暈眩感。而位置追蹤方面，行動 VR 包括三星 Gear VR 正在尋求新的解決方案。

光學追蹤

根據所用鏡頭的不同，光學追蹤可以分為以下幾類。

■ 利用標記的光學追蹤

被追蹤物體上按某種規則布滿標記點，一個或多個攝影鏡頭持續的捕捉標記點，並利用一些運算法（如 POSIT 算法）得出物體的位置。運算法會把鏡頭捕捉到的標記點位置和原先的規則做比較，從而得出物體的位置和朝向。運算法中也需要考慮有些標記點在鏡頭視野之外或被遮擋的情況。

標記點有主動和被動兩種。主動型標記點通常會定期發射紅外線。因為可以將紅外線發射時間和鏡頭同步，可以排除周圍其他紅外線的干擾。被動型標記點實際上是反射器，將紅外線反射回光源。如果使用被動型標記點，通常鏡頭裡會有紅外線發射器，如圖 3-50 所示就是一個配有紅外線發射器的鏡頭。只要標記點排列規則、互不相同，多個物體可以同時被追蹤。

圖 3-50 配有紅外線發射器的鏡頭

第 3 章　打開夢遊仙境的鑰匙

■ 利用可見標記點的光學追蹤

　　另一種光學追蹤的技術是利用特殊圖案或花紋作為標記點的。鏡頭可以辨認出這些標記點，將多個標記點放置於特定的位置，就可以計算出位置和方向。標記點可以是各種形狀和大小的，標記點需要能有效的被鏡頭辨識，但同時能產生大量獨特的標記點。

　　一個著名的案例是 Valve 公司的一間展示房間，如圖 3-51 所示，牆上和天花板上布滿了不同的標記點。一臺 VR 頭戴式顯示設備樣機上配備了攝影鏡頭，可以透過這些標記點進行位置追蹤。這種方法能提供室內精確的位置追蹤，但對普通使用者來說不太實用。

圖 3-51 Valve 公司的展示房間

■ **無標記點的光學追蹤**

如果被追蹤物體的幾何形狀已知（例如由 CAD 模型產生），也可以透過持續搜尋和對比已知 3D 模型，實現無標記點的光學追蹤。即透過分析圖像中的邊緣和顏色變化等資訊，辨識出須追蹤的物體。即使對非已知的 3D 物體，也可以辨別出一些代表性的部分，如人臉和肢體，並對它們進行持續追蹤。

利用 Depth Map 的追蹤

利用 Depth Map 鏡頭也可以實現位置追蹤。Depth Map 作為一個單獨的軟體平臺，其作用是分析空間的網路結構，它的研究範圍不僅侷限於建築內部及建築之間的空間，它可以擴大到整個城市甚至國家的空間範圍。而 Depth Map 鏡頭，例如微軟的 Kinect 或 SoftKinetic 的 DS325，採用某些技術（如 Structured light、Time of flight）生成物體到鏡頭距離的即時分布圖，透過從 Depth Map 中提取被追蹤物體（如手部、臉部），並分析提取出相應比例，從而實現位置追蹤。

多種追蹤技術的組合通常能達到比單一技術更好的效果。舉例說明光學追蹤和慣性追蹤。慣性追蹤會有飄移的問題，而光學追蹤會有遮擋的問題（標記點被遮擋）。如果把這兩種技術組合使用，就可以帶來很多好處，例如，如果標記點被遮擋，可以先利用慣性感測器提供的資料估算位置資訊，直到光

學追蹤再次捕捉到目標。即使光學追蹤沒有被遮擋,慣性感測器提供的更新資料也可以加強位置追蹤的精準度。

在位置追蹤的設備方面,目前 HTC Vive、Oculus Rift、SONY PS VR 都支援位置追蹤,除了這些大品牌外,還有一些其他公司也對位置追蹤有研究。

中國一家名為凌宇智控的新創公司就自主研發了一套 3D 空間精確定位技術 —— Caliber 空間定位技術。同時,以該技術為基礎,開發出了一款 Caliber VR 位置追蹤套件,如圖 3-52 所示,以下簡稱 Caliber VR。該套件由一個定位基站、一個頭盔定位器和兩個互動手把組成,能夠為行動 VR 提供位置追蹤及互動功能,讓使用者可以在虛擬空間中走動,用手把與虛擬場景互動。

圖 3-52 Caliber VR 位置追蹤套件

其官方介紹提到，Caliber VR 可以適配市場上所有行動 VR 頭戴式顯示設備。這將意味著持有任意品牌 VR 頭戴式顯示設備的使用者，只要再額外購買一套 Caliber VR，並透過簡單的安裝設定後，便可以在行動 VR 上體驗到類似 HTC Vive 一樣的「全沉浸式 VR 體驗」。

Lighthouse（或 Lightroom）是 Valve 在 2015 年 3 月發表的一款位置追蹤系統，它的核心原理就是利用房間中密度極大的非可見光，來探測室內配戴 VR 設備的玩家的位置和動作變化，並將其模擬在虛擬實境 3D 空間中。透

圖 3-53 探測盒子內部

過兩個相對成本較低的探測盒子，就可以達到相對精準的效果。

打開探測盒子內部，會發現沒有任何攝影鏡頭，只有一些固定的 LED 燈，加上一對轉速很快的雷射發射器，其中一個會「掃射」整個房間，以每秒 60 次的速度頻閃，如圖 3-53 所示。

光線發射出來後，還需要接收器，也就是 VR 頭盔或手把，其中配備的光感測器可以探測發射出的頻閃光和雷射束。最妙的設計也在這裡，每閃一次，頭盔就開始計數，像碼錶一樣，直到某個光感測器探測到雷射束，然後利用光感測器的位置，以及雷射到達的時間，利用運算法計算出頭盔相對基站的位置。

3.6　虛擬電腦

　　現階段虛擬實境技術的發展正面臨一個重要問題 —— 儘管多家科技公司都在 2016 年陸續推出虛擬實境設備，但目前很少有家用個人電腦能支援 Facebook Oculus 和其他此類系統。根據英偉達的資料，在 2016 年，全球只有約 1,300 萬臺電腦整合了能支援虛擬實境的顯示晶片；而 Gartner 的資料則顯示，2016 年全球在用的個人電腦總數約為 14.3 億臺，因此這些最高端電腦在其中占的比例不到 1%。為了解決這個問題，讓虛擬實境設備能讓更多人使用，專家們想到了虛擬電腦這個解決辦法。

　　虛擬電腦指透過軟體模擬的、具有完整硬體系統功能的、運行在一個完全隔離環境中的完整電腦系統，一般稱為「虛擬機」，其作用是可以在一臺電腦上透過軟體的方式模擬出來若干臺電腦，每臺電腦可以運行單獨的操作系統而互不干擾，可以實現一臺電腦「同時」運行幾個操作系統，相互獨立進行工作。同時，這幾個操作系統之間還可以進行互聯，形成一個虛擬網路，如圖 3-54 所示。

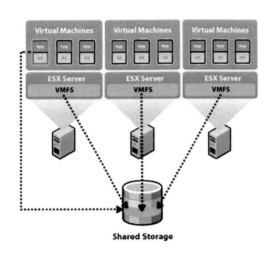

圖 3-54 虛擬電腦

　　虛擬機技術是虛擬化技術的一種，所謂「虛擬化技術」就是將事物從一種形式轉變成另一種形式，最常用的虛擬化技術有操作系統中記憶體的虛擬化，實際運行時使用者需要的記憶體空間可能遠遠大於物理機器的記憶體大小，利用記憶體的虛擬化技術，使用者可以將一部分硬碟虛擬化為記憶體，而這對使用者是透明的。例如，利用虛擬專用網路技術（VPN），使用者可以在公共網路中虛擬化一條安全、穩定的「隧道」，像是使用私有網路一樣。

　　虛擬機技術最早由 IBM 於 1960、1970 年代提出，被定義為硬體設備的軟體模擬實現。當時電腦的記憶體主要由磁芯記憶體組成，由於受磁芯本身特性和驅動時延等因素的影響，電

腦記憶體往往是做不大的，一般只有幾千字節到幾萬字節，因而嚴重影響了電腦的應用和發展。為此，人們提出了虛擬記憶體的概念。之後大型電腦出現，為需要進行大量運算的部門帶來福音，但是一臺大型電腦的價格十分昂貴，而且對於一個單位而言，運算任務往往是不飽滿的，機器的空閒率很高，因而虛擬化又成為討得使用者歡心的拿手絕活，透過虛擬化提高了大型機的有效使用率。

目前在 Intel 服務器虛擬機領域主要有三家公司在競爭，包括 VMware、SWsoft、Connectix 公司，他們都提供了基於 CPU 利用率提升（簡稱 PV，Processor Virtualization）的獨特解決方案。

VMware 開發的 VMware Workstation，可以讓使用者在一臺機器上同時運行兩個或更多 Windows、DOS、Linux、Mac 系統，如圖 3-55 所示。與「多啟動」系統相比，VMware 採用了完全不同的概念。多啟動系統在一個時刻只能運行一個系統，在系統切換時需要重新啟動機器。VMware 是真正「同時」運行多個操作系統在主系統的平臺上，就像標準 Windows 應用程式那樣切換。而且每個操作系統你都可以進行虛擬的分區、配置而不影響真實硬碟的資料，你甚至可以透過網路卡將幾臺虛擬機用網路卡連接為一個區域網路，極其方便。

圖 3-55 VMware Workstation 界面

　　VMware Workstation 的性能與物理機隔離效果非常優秀，而且它的功能非常全面，十分適合電腦專業人員使用，缺點就是它的體積龐大，安裝時間耗時較久。

　　SWsoft 公司的 Virtuozzo 虛擬系統與 VMware 公司產品的主要不同在於，該技術虛擬了操作系統層。Virtuozzo 系統使用所謂的虛擬環境（VE），而不是普通的虛擬設備（VM）。VE 能夠虛擬操作系統分配系統資源的基本核心，減少管理費用，獲得更高的擴展性，Virtuozzo 在服務器上虛擬操作系統，可以產生完全隔離的虛擬分區，實現分區間功能、容錯、命名和資源的隔離。

　　據 SWsoft 公司介紹，如果不考慮一臺服務器上的虛擬環境和分區數，那麼這種方法讓每臺服務器增加的開銷不超過 1%。它能夠在單個物理系統中打開上千個 VE，大大提高了系統的伸

縮性。另外，Virtuozzo 還具有加強的 API 管理，以及對 64 位元安騰平臺的支援功能。

　　而 Connectix 公司的虛擬服務器主要提供了兩項核心技術功能：一個是虛擬，即將硬體實現的功能用軟體實現；另一個是二進制轉化，即將一個指令集轉化成為另外一個指令集（例如 x86 到 PowerPC，或者 x86 到虛擬 x86 指令集）。它支援多個虛擬機操作系統，可以在這些平臺運行 OS/2 和 NetWare，實現完全的驅動兼容。虛擬服務器還可以運行 Linux、Windows NT、2000 和 Net Servers。

築夢師的獨門絕技

　　「築夢師」這一新詞最早出現於 2010 年熱映的電影《全面啟動》（*Inception*）中，影片講述「築夢師」唐姆‧柯布和他的任務團隊透過進入他人夢境，從他人的潛意識中盜取機密，並重塑他人夢境的故事。

　　在影片中，柯布和他的團隊依靠修改夢境的內容，將意識植入到目標人物腦中，進而實現改變現實世界的目的。電影的設定和虛擬實境有一定的相通作用，夢境代表虛擬空間，築夢師就是負責環境渲染的電腦。築夢師在夢中把自己構想的城市街景、高樓大廈甚至茫茫大海，以無比真實的夢境形式呈現在盜夢對象的腦海中。在影片中，築夢師依靠圖騰來創建夢境，例如陀螺、骰子等，而現實中的「築夢師」便會依靠強大的建模軟體來完成這些工作。

　　在前面幾章，我們已經了解了虛擬實境技術的概念、它的發展歷史和建構它所需要的一些基本設備。眾所周知，只有在房子建好後，我們才能對它進行裝潢，虛擬實境也不例外。通常，設計師會在將 VR 的虛擬實境夢境建模完成後，就開始為它進行裝潢了，一般把 VR 裝潢的過程簡稱為「貼圖」。經過圖像處理後的 VR 場景，看上去才夠真實，同時也更貼近夢境。

　　執行這一項工作的設計者們要將夢境建構得完美，除了離不開先天的審美優勢外，更離不開圖形處理軟體。虛擬實境圖像建構的軟體有很多，在這裡我們將著重為大家介紹有關的三大軟體及應用平臺。

4.1　VRP 虛擬實境平臺

　　VRP（Virtual Reality Platform，簡稱 VR-Platform 或 VRP）即虛擬實境平臺，VRP 是一款由中視典數字科技有限公司獨立開發的具有完全自主智慧財產權、直接滿足 3D 美工的一款虛擬實境軟體。它是目前中國虛擬實境領域，市場占有率最高的一款虛擬實境軟體，它的產生，一舉打破該領域被國外領域所壟斷的局面，以極高的 CP 值獲得中國廣大客戶的喜愛。

　　VRP 的適用性強、操作簡單、功能強大、高度視覺化、所見即所得。它的產品目標是實現低成本、高性能，讓對 VR 感興趣的一般人都能從 VR 中挖掘出電腦 3D 藝術的樂趣。早在 2014 年，中視典公司就在 Infocomm China 展會上正式宣布推出了其自主研發的 OpenVRP 虛擬實境軟體平臺，如圖 4-1 所示。

圖 4-1 中視典公司的 OpenVRP 新品發表會

　　基於 Open 的原則，將 OpenVRP 底層引擎完全開放。基礎數學庫、前向渲染器、場景管理器、資源管理器等各個基礎模組完全開放原始碼（提供 CPP 源文件）。虛擬實境 SDK、播放器核心、編輯器核心等都免費提供 SDK 開發套件，並且其「極光」渲染引擎能提供次世代即時渲染效果。

　　VRP 系列軟體是中國最具代表性的 VR 開發平臺，具有不遜於國外著名 VR 軟體的技術和功能。它以 VR-Platform 引擎為核心，衍生出 VRP-IE（VRP3D 網路瀏覽器）、VRP-BUILDER（VRP 虛擬實境編輯器）、VRP-Physics（VRP 物理系統）、VRP-DIGICITY（VRP 數位城市平臺）和 VRP-SDK（VRP 二次開發工具套件）等 8 個相關成品，如圖 4-2 所示。

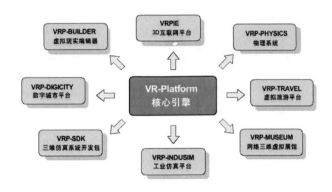

圖 4-2 8 個以 VR-Platform 引擎為核心衍生出來的產品

4.1.1　VRP-IE

隨著網路技術的飛速發展及 3D 軟體技術的日益成熟，簡單網頁上的 2D 空間互動方式已經遠遠不能滿足人們的需求，人們越來越能將網路變成一個可以互動的立體空間。在 2007 年，中視典數字科技有限公司便在原有的 VRP3D 虛擬仿真平臺產品線的基礎上，成功研發了新一代符合網路的全新 3D 互動軟體平臺 —— VRP-IE，如圖 4-3 所示，其也是 VRP 產品體系中研發最早、應用最廣泛的產品之一。

圖 4-3 VRP-IE

VRP-IE（Virtual Reality Platform Internet Explorer），又稱「VRP-IE 3D 網路平臺」。它是主要用於在網際網路上進行 3D 互動瀏覽操作的 WEB 3D 應用軟體，可將 3D 的虛擬實境技術成果用於網路應用。

在安裝了 VRP-IE 瀏覽器插件的基礎上，使用者可在任意一臺連接網際網路的電腦上訪問 VRP-IE 網頁，實現全 3D 場景的瀏覽和互動。其開放的體系結構設計、高效的 VRP-BUILDER

編輯器，以及高性能 VRP-IE 插件，替中國 WEB 3D 的發展帶來了革命性的進步，引起了中國國內外虛擬實境領域的一片轟動，在很短的時間內便成為中國普及率最高的一款 WEB 3D 軟體。

VRP-IE3D 網路平臺具備高度真實感畫質、支援大場景動態調度、良好的低階硬體兼容性、高壓縮比、多線程下載、支援視點優化的流式傳輸、支援高性能物理引擎、支援軟體抗鋸齒、支援手稿語言、支援無縫升級等特性，為廣大使用者開發滿足大眾或集團使用者的大型 WEB 3D 網站提供了強有力的技術支援和保障。

它主要有以下四大特點：

· **豐富的展示方式**：VRP-IE 允許在其視窗中嵌入 Flash、影片和圖片等插件，可以完美結合各種多媒體展示手法，各展所長，使 3D 展示內容更加豐富精彩。

· **大量的資料支援**：它可以將產品的各種屬性資訊存放到外部資料庫中，利用腳本功能將其讀取進來，然後再顯示到 VRP-IE 上，實現 3D 網路平臺上展品的屬性查詢。

· **強大的互動功能**：VRP-IE 能夠支援自動漫遊、手動漫遊，並且漫遊軌跡還可以保存下來，供使用者進行查詢；它能使世界各地的使用者在開啟了同一個網頁場景之後，在場景中彼此看到，而不是以人物圖標的方式出現，並且透過文字、

圖像、語音或影片的即時傳輸，進行線上交流。這是虛擬實境技術與網路遊戲、即時聊天技術的一次結合，使虛擬實境向著更加廣闊的應用方向發展。同時，它還支援手稿語言和物理引擎。手稿語言能使 VRP-IE-3D 網路平臺具有「自我思考」的能力，成為了一個可以編寫的系統。例如，可以隨意構造汽車結構，並且以任意車輪來驅動、導向行駛，具有即時的碰撞檢測和碰撞力度的回饋。支援高性能物理引擎和高效高精度碰撞檢測算法，能大為豐富 VRP-IE 3D 網路平臺軟體的互動功能。

· **優異的線上效果**：線上效果主要表現在整體的畫面呈現上。VRP-IE 擁有中國國內 WEB 3D 的最高畫質，運用了遊戲中的各種優化演算法，提高大規模場景的組織與渲染效率，無論是場景的導入導出、即時編輯，還是獨立運行，其速度都明顯快於某些同類軟體。並且，它對於低階硬體的兼容性也很好，經過測試，在一張 Geforce 128M 顯示卡上，一個 200 萬面的場景經過自動優化，仍然可以流暢運行。

VRP-IE-3D 網路平臺資料是透過 HTTP 協議進行下載的，HTTP 作為網際網路上最通用的協議，其訪問效率和能夠承載的併發訪問數量是得到業內公認的。一個普通的 2M 頻寬的高性能網路服務器，每分鐘能夠承受 10 萬個 HTTP 協議的訪問數量，因此 VRP-IE 可以支援很多人同時進行訪問（即高併發訪

問）；在瀏覽方面，VRP-IE 支援基於視點優化的流式傳輸。即下載一部分，就可以看到一部分的內容，不用等到所有資料全部下載完才能看到；且支援視點優化，即優先下載距離當前 3D 視錐範圍內最近的場景，大大緩解了由於頻寬限制所帶來的下載延遲感。

　　VRP-IE-3D 網路平臺所發表的模型資料和貼圖資料都用目前最先進的壓縮法（ZIP 和 JPG）進行了壓縮，在下載過程中，使用了多線程優化（10 線程），使資料的下載速度最高可達單線程的 10 倍。採用了特有的技術原理，使 VRP-IE 瀏覽器在升級後，可以完全兼容以前生成的資料文件。例如，若 3 年後，VRP-IE-3D 網路平臺瀏覽器插件從 3.0 升級到了 7.0，那麼 3 年前放到網路上的 VRP-IE-3D 網頁，仍然可以繼續運行，而且瀏覽器插件升級過程是自動完成的。

　　VRP-IE 可廣泛用於政府、企業和電子商務、教育、娛樂、數位產品、房地產、汽車、虛擬社群等行業，將有形的實物和場景在網路上進行虛擬展示。

4.1.2　VRP-BUILDER

　　VRP 虛擬實境編輯器，又稱「VRP 虛擬實境虛擬實境編輯器」。VRP 虛擬實境編輯器是中視典數字科技有限公司研發的一款直接滿足 3D 美工的虛擬實境軟體。所有操作都是用美工人員可以理解的方式（不需要程式設計者參與），可以讓美工人員

將所有精力投入到效果製作中來，從而，有效降低製作成本，提高成果品質。如果操作者有良好的 3ds Max 的建模和渲染基礎，那麼他只要對 VRP 虛擬實境編輯器稍加學習和研究，就可以很快製作出自己的虛擬實境場景。

　　VRP-BUILDER 的理念是讓軟體來適應人，而不是讓人去適應軟體。工程師們將與使用者一起，根據實際需求來不斷完善軟體，開發最有用的功能，最大限度減少使用者的重複勞動，VRP 是一個全程視覺化軟體，所見即所得，獨創在編輯器內直接編譯運行、一鍵發送等功能，稍有基礎的人可以在一天之內掌握其使用方法。使用 VRP，你將不再糾纏於各種實現方法的技術細節，而可以將精力完全投入最終效果的製作上。

　　光影是 3D 場景是否具有真實感的最重要因素，因此對於光影的處理是 VRP 的核心技術之一，如圖 4-4 所示。VRP 可以利用 3ds Max 中各種全局光渲染器所生成的光照貼圖，因而使場景具有非常逼真的靜態光影效果。支援的渲染器包括：Scanline、Radiosity、Lighttracer、Finalrender、Vray、Mentalray。VRP 在功能上給予美術人員最大的支援，使其能夠充分發揮自己的想像力，貫徹自己的設計意圖，而沒有過多的限制和約束。製作可以與效果圖媲美的即時場景不再是遙不可及的事情。同時，VRP 擁有的即時材質編輯功能，可以對材質的各項屬性進行調整，如顏色、高光、貼圖、UV 等，以達到優化的效果。

VRP 運 用 了 遊 戲中的各種優化演算法,提高大規模場景的組織與渲染效率。無論是場景的導入導出、即時編輯,還是獨立運行,其速度明顯快於某些同類軟體。經測試,在

圖 4-4 3D 場景的光影效果

一張 Geforce 128MB 顯示卡上,一個 200 萬面的場景經過自動優化,仍然可以流暢運行。用 VRP 製作的示範可廣泛運行在各種等級的硬體平臺,尤其適用於 Geforce 和 Radeon 系列顯示卡,也可以在大量具有獨立顯示記憶體的普通筆記型電腦上運行,實現「行動」VR(VRP 所有示範均可在一臺配備了 ATI 9200 或 Geforce GO 4200 顯示卡的筆記型電腦上流暢運行)。

4.1.3 VRP-SDK

VRP-SDK(Virtual Reality Platform Software Development Kit,簡稱 VRP-SDK)是 VRP 軟體開發工具套件的意思。有了 VRP-SDK,會編寫程式的使用者就可以使用各種編程工具,在 VRP 所提供的核心介面基礎上,開發出自己需要的、訂製的高效仿真軟體。

第 4 章　築夢師的獨門絕技

　　VRP-SDK 主要特點便是支援高階使用者的功能訂製。使用者根據自己的需求設定軟體介面、設定軟體的運行邏輯、設定外部部件對 VRP 視窗的回應等，從而將 VRP 的功能提高到一個更高的層次，滿足使用者對虛擬實境各方面的專業需求。

■ 支援多種開發環境

　　具有 Windows 開發經驗的使用者，可用的開發環境包括VC、VB、DELPHI、C#、VS.NET 等，可應用到 IT 企業、科學研究單位、大學院校、水利、電力、交通、建築等專業行業。

■ 從宏觀到微觀的功能涵蓋

・**宏觀方面**：將 VRP 的 3D 顯示視窗嵌入到使用者的應用系統中去，使系統具備 3D 場景展示瀏覽功能。

・**微觀方面**：透過 VRP-SDK 提供的介面實現使用者應用系統對 VRP 視窗中 3D 場景的控制，使用者可以控制諸如模形狀態、顯隱、材質透明等諸多屬性。

　　透過 VRP-SDK 提供的事件回調機制，將最終客戶在 VRP 視窗中執行的操作（例如點一下滑鼠等）送到應用系統中去，便於使用者根據系統需求靈活處理。

行業應用

VRP-SDK 經過多年的發展和完善，目前已應用於多個行業，並提供了一系列優秀的軟體。由於各個行業的專業性和特殊性，對於 VRP-SDK 的使用，一般採取與科學研究單位、學校、公司合作的方式，即提供 VRP-SDK 和 3D 相關的後期技術支援，SDK 客戶負責整個系統架設和業務邏輯的設定。VRP-SDK 的應用，加速了一大批優秀高階行業軟體的產生。

■ 電力行業

VRP-SDK 使電力系統的開發人員針對電力行業的特點和需求開發專業功能和應用，逼真再現變電站現場場地和各種設備的操作過程、運行狀態，實現電力調度、虛擬變電站（如圖 4-5 所示）等應用。

圖 4-5 虛擬變電站

第 4 章　築夢師的獨門絕技

■ 水利行業

利用 VRP-SDK 二次開發，可以將虛擬實境技術與現代專案管理方法相結合，並應用到專案的進度管理過程中，建立一套適用於工程

圖 4-6 虛擬的水庫大壩

專案的進度管理流程，實現大壩施工動態展示、壩肩開挖動態計算和展示、水庫調度和管理等，如圖 4-6 所示。

■ 鋼鐵行業

透過 VRP-SDK 二次開發，模擬並展示整個機組的生產流程，以及設備啟動、停止等各種工況和各類故障事故的應變處理情況，實現連鑄工廠過程精準控制系統、鋼鐵公司熱軋板帶虛擬展示和管理系統等，如圖 4-7 所示。

圖 4-7 透過虛擬實境控制產品

■ **建築行業**

利用 VRP-SDK 將虛擬實境技術與一體化的 CAD 系統設計思維相結合，開發虛擬實境的一體化 CAD 系統，實現地鐵盾構施工過程動態展示和控制系統、施工過程受力動態分析等應用，從而大大提高設計效率，提高設計品質，如圖 4-8 所示。

圖 4-8 透過虛擬實境分析施工過程

■ **交通**

利用 VRP-SDK 開發與列控仿真系統適配的介面，從而實現大型火車進出站調度和預測管理等，如圖 4-9 所示。

圖 4-9 透過虛擬實境調度列車

4.1.4　VRP-Physics

　　VRP-Physics 物 理 模 擬 引 擎（Virtual Reality Platform Physics，簡稱 VRP-Physics）是中視典數字科技有限公司研發的一款物理引擎系統。系統賦予虛擬實境場景中的物體以物理屬性，符合現實世界中的物理定律，是在虛擬實境場景中表現虛擬碰撞、慣性、加速度、破碎、倒塌、爆炸等物體互動式運動和物體力學特性的核心。

　　VRP-Physics，簡單來說，就是計算 3D 場景中物體與場景之間、物體與角色之間、物體與物體之間的互動和動力學特性。在物理引擎的支援下，VR 場景中的模型可以具有分量、可以受到重力、可以落在地面上、可以和別的物體發生碰撞、可以反映使用者施加的推力、可以因為壓力而變形、可以有液體在表面上流動。

功能特點

　　整體來說，VRP-Physics 在算法和自定義方面具有不俗的表現，具體可以總結如以下幾點。

■ **優秀高效的算法**

· **獨特的碰撞檢測算法**：作為物理引擎的基礎，VRP 的物理引擎系統具有優秀的碰撞檢測效率。在進行物理模擬之前，VRP 會重新組織模型面片至計算最優化的格式，並且能儲

存為文件，避免再次模擬時的重新計算。碰撞檢測之前也經過數次過濾，最大限度的排除碰撞檢測時的計算冗餘。

· **支援連續碰撞檢測**：連續碰撞檢測可以將物體每兩個影格之間的碰撞檢測連續化，保證在運動路線中出現的物體都能參與到碰撞檢測。

· **大規模運動場景進行局部調度計算**：讓運動穩定的物體（如靜止下來的物體、勻速轉動的物體、勻速運動的物體）在碰撞檢測組和非碰撞檢測組之間動態的調度，排除了在不會產生碰撞的物體之間進行碰撞計算的計算冗餘（例如兩個靜止下來的物體），有效減少計算量。

· **支援硬體加速。**

■ 便捷的自定義機制

· **支援各種碰撞事件的自定義設置和即時回應**：在場景中的物體發生碰撞時，使用者可以獲得通知，且使用者可以自己設定感興趣的碰撞對象並對事件綁定腳本，實現在碰撞發生時產生聲音、接觸發生時播放動畫的效果。

· **運動材質自定義**：VRP 運動物體可以具有不同的運動材質（如橡皮、鐵球、冰塊），使用者可以任意指定物體的彈性、靜摩擦力、動摩擦力、空氣摩擦阻尼等多種參數，模擬世界萬物在剛體運動中具有的不同效果。

· **力學互動方式自定義**：使用者可以對任意物體的任意位置施加推力、扭力、衝力等，也可以對物體動態設定速度、角速度、密度等參數。

· **運動約束連接自定義**：物理場景中的任何物體可以透過連接的方式把運動連繫起來。VRP 的物理系統中，提供了鉸鏈連接、球面連接、活塞連接、點在線上的連接、點在面上的連接、黏合連接、距離連接等多種連接方式來連繫兩個物體的運動，且該運動連繫是可斷的。

· **碰撞替代體的自定義**：除了對模型的面片進行預處理參與碰撞檢測，VRP 還提供盒型、球型、圓柱型、膠囊型、凸多面體，5 種在模型形狀大致相同的情況下可使用的替代碰撞體。

■ **真實的效果模擬**

· **真實的布料模擬**：使用者可以將任何三角形網格的模型設定為布料，模擬過程中，布料以模型頂點為基礎，即時生成頂點動畫，每個三角形面片都將參與碰撞檢測與力回饋，使布料如同現實中的布料一樣在場景中使用。

· **自由的力場模擬**：在場景中模擬颱風、水流時的現象。物體處於力場中，可能因為角度不同，受到力的大小也不同，例如在「迎風站立」時和「側風站立」時受到風力的大小不同；力場所作用的範圍也可以隨意訂製，在屋裡和在屋外會有有風和無風的區別。

- **汽車等交通工具模擬**：能隨意打造汽車結構，可以根據任意車輪來驅動、導向行駛，具有即時的碰撞檢測和碰撞力度的回饋。
- **柔體模擬定義**：即時計算模型各個面的受力，生成逼真柔體的頂點動畫效果，柔體能固定到任何剛體內部，也能將一個剛體固定到柔體內部充當柔體骨架。
- 剛體模擬：VRP 場景能夠模擬真實的剛體運動，賦予運動物體密度、質量、速度、加速度、旋轉角速度、衝量等各種物理屬性，在發生碰撞、摩擦、受力的運動模擬中，不同的物流屬性表現出不同的運動效果。
- **流體模擬**：場景中的流體粒子不僅能夠參與碰撞，還具有流體自己的動力學特性—粒子之間吸附力、粒子之間的排斥力、流體的流動摩擦力等，達到逼真的流體效果，可直接應用到管道、排水系統、噴泉、洩洪等案例中。
- **場景重力、環境阻尼等環境特性模擬**：相對於其他物理引擎，VRP 物理引擎還可以模擬一些難以達到的或者不存在的物理環境，例如在水下、太空、月球上的運動模擬，透過對場景的重力、環境阻尼等因素進行調節，能達到各種物理實驗環境。

第 4 章　築夢師的獨門絕技

行業應用

　　VRP-Physics 可廣泛應用於城市規畫、室內設計、工業仿真、古蹟復原、橋梁道路設計、房地產銷售、旅遊教學、水利電力、地質災害等眾多領域，為其提供切實可行的解決方案。

■ 遊戲製作

　　物理引擎使遊戲中的人或物在遇到碰撞時，表現出符合物理運動規律的運動，使遊戲畫面更逼真、更有真實感 —— 大樓會根據攻擊的方向、力度，倒向不同方向，同時落下數以萬計的塵埃和碎片，產生更為真實和震撼的畫面；遊戲人物和道具因不同部位受創引起損傷而影響相關的行動、建築因爆炸而出現零件結構式的連環塌陷、地面和牆體因槍林彈雨和轟炸形成的彈道坑等物理效果，都表現得淋漓盡致，如圖 4-10 所示。

圖 4-10 透過強大的物理引擎可創建逼真的爆炸效果

■ **虛擬教學**

物理引擎可以讓虛擬實境在教學方面的應用得到更深入的發展，如物理教學、醫學教育、虛擬駕駛等。使用者可以直接置身於實驗環境中，透過現場即時互動得到試驗成果，不僅能達到認識教學的目的，還能培養使用者的實際操作經驗，如圖4-11 所示。對於一些價格昂貴、結果嚴重或者甚至根本無法實現的教學環境，虛擬教學實驗完全可以達到替代效果。

圖 4-11 透過虛擬教學讓學生更理想的掌握知識

■ **互動展示**

物理引擎使簡單的產品 3D 展示升級為動態的互動式產品體驗，使用者透過與展示環境的動態交流，更清晰的了解產品的各種屬性。例如在進行水龍頭、淋浴噴頭的 3D 物品展示時，不僅可以讓使用者自行調節水流的大小，還可以讓虛擬角色伸手去「感受」水流的碰撞，增加更真實的體驗，如圖 4-12 所示。

圖 4-12 透過物理引擎可以感受產品的真實工作情況

■ 軍事模擬演練

物理引擎在軍事模擬演練中的作用尤為重要，例如在一個戰場地形中，虛擬的炸彈在某個地方產生爆炸後，物理引擎能計算出各個虛擬爆炸波及的程度，結構脆弱的掩體將會因為該爆炸而塌陷，從而透過虛擬演練更理想的規劃戰壕、掩體或者進攻路線的抉擇，如圖 4-13 所示。

圖 4-13 透過 VR 中的物理引擎進行軍事分析

■ 工程試驗

　　工程試驗中，複雜結構的受力分析是相當複雜的，當不同的桿件透過各種連接約束構造出一個結構後，物理引擎能夠輕鬆模擬出該結構體的力學傳遞情況。當結構受到某個方向的破壞力，虛擬結構能從最脆弱的部位開始崩潰，從而可以輔助工程人員決策工程重點、預防結構坍塌，如圖 4-14 所示。

圖 4-14 透過物理引擎分析結構受力

■ 應變救援演練

　　物理引擎在應變救援演練中發揮著關鍵性的作用，例如在消防虛擬訓練中（如圖 4-15 所示），物理引擎不僅能真實的即時模擬煙霧和火勢的走向，在救助行動中，一些脆弱的結構，也會因為被焚燒或者踩踏而倒塌，增加救助行動的真實度。消防員更能主動撞開一些通道，或者挪動一些石塊清理救助路線，當然這些行動如果動搖了所支撐的上層結構時，虛擬場景同樣也會毫不留情的塌陷下來。

圖 4-15 消防虛擬訓練

■ **動畫製作**

　　物理引擎將動畫師從關鍵影格動畫中解放出來，動畫師不再需要一幀一幀的調節動畫，不需要特製每個物體在空中的飛行時間和路徑，節省了大量的時間；物理引擎使動畫中的每個細節都能參與計算，帶碰撞的粒子效果、具有擴散性的煙霧、具有吸附力的水面、爆炸碎塊的碰撞及產生的結果、颶風時引起的細節效果，讓動畫更具真實感，如圖 4-16 所示。

圖 4-16 細節逼真的 VR 動畫

4.1.5　VRP-MyStory

VRP-MyStory 故事編輯器（Virtual Reality Platform My Story，簡稱 VRP-MyStory）為使用者提供了一個便捷的建立場景、編輯故事的環境。使用者無須掌握任何建模技術或者圖形圖像知識，以搭積木的操作方式即可創建自己的場景及故事。

功能特點

VRP-MyStory 是一款大眾化的 3D 應用軟體，每個人都可以透過它製作出自己的 3D 作品。而相比於其他的產品，VRP-MyStory 具有如下特點。

- **VRP 系列產品功能繼承**
  - **對物理引擎的繼承**：故事編輯器支援自然模擬對象的物理屬性，例如，物體的下落和碰撞等效果，讓對象之間的互動更加流暢。
  - **對 VRPIE-3D 的繼承**：故事編輯器支援多種場景輸出格式，除了可以供使用者分享或進行後期剪輯外，還可以在單機、區域網路、Internet 環境中使用，功能強大、擴展性強，支援發表到 IE 或多人線上交流等。

■ 全新的 3D 創作體驗

　　故事編輯器的設計初衷，即為使用者提供一個可快速完成 3D 專案的工具，無須進行複雜的 3D 建模和角色骨骼設定，輕鬆拖放、編輯豐富多元的即時內容對象，讓使用者在短時間內就能完成多角色、高品質的專案。

- **即時的場景編輯**：故事編輯器為使用者提供了最為直覺的操作方式、場景即時創作，無須花費時間等待，可隨時預覽輸出效果，並且支援一鍵生成動畫。
- **豐富的視覺特效**：故事編輯器擁有精美的即時渲染效果，支援動態遮蓋，並為使用者提供了豐富的粒子特效，場景無須渲染即可得到逼真的視覺體驗。
- **快捷的場景建立**：故事編輯器支援多元混搭場景，使用者可利用地形、天空、水體及樹木等素材創作內容豐富的環境。
- **擴充式素材庫**：故事編輯器內含豐富的內容及可擴充式素材庫，能滿足使用者多種創作需求，可應用於虛擬 3D 設計、公共安全還原、安全保護等。

行業應用

　　VRP-MyStory 在教育培訓、產品展示、軍事演練等需要具備一定故事性和情節的場合有不俗的表現，具體的應用行業總結如下。

■ **教育與培訓**

　　在教育培訓行業，VRP-MyStory 提供給授課者一個形象的 3D 展示平臺，授課者不需要有專業的圖像知識，只需要在 VRP-MyStory 平臺中擺放場景與設定屬性，便可更真實、直覺與客觀的講述故事、展示機械原理、示範機體解剖等，如圖 4-17 所示。可大大提高老師與學生的溝通效率，讓學生對課程內容有更加深刻的理解。

圖 4-17 透過虛擬實境示範機體解剖

■ **創意設計與展示**

　　使用者可以根據自己的想法和創意，在 VRP-MyStory 中自由的規劃和布局 3D 場景，並在多媒體與網路上展示，如圖 4-18 所示。VRP-MyStory 是創意者手中的一個強大和自由的展示工具。

圖 4-18 虛擬實境環境中的 3D 場景

■ 軍事演練

VRP-MyStory 提供給部隊一個作戰構想和虛擬演練的平臺，指揮員透過 VRP-MyStory 迅速建立虛擬的 3D 仿真戰場，快速制定各種作戰方案並演習演練，使參戰人員能更加直覺的、深刻的理解指揮員的作戰意圖，如圖 4-19 所示。

圖 4-19 透過虛擬實境進行戰術編排

■ 災難應變

　　使用者使用 VRP-MyStory 提供的豐富資料庫，快速建立災害場景，並在場景中設定災害觸發事件和應變處理措施，如圖 4-20 所示。使用者在虛擬環境中可以了解到各種自然災害的發生過程、學習應變防護措施，並提高安全意識。

圖 4-20 透過虛擬實境模擬災害環境

■ 案情還原

　　故事編輯器的模型庫有專門的公共安全類別。案情發生時，可導入案件所發生的地點圖片，透過描述牆體快速生成 3D 空間，在 3D 空間內透過簡單拖曳案件要素模型，如血跡、足跡、警察、匪徒，輔以時間軸對案件的串聯，快速還原案情，並可錄製成影片進行播放，也可發表到 VRPIE 上，多點多地線上交流，如圖 4-21 所示。

圖 4-21 透過 VR 技術還原案發現場

4.1.6　VRP-3DNCS

　　VRP-3DNCS 3D 網路互動平臺（英文全稱 Virtual Reality Platform 3D Net Communication System，簡稱 VRP-3DNCS）提供了一個允許不同地區、不同行業、不同角色即時在同一場景下互動的平臺。

功能特點

　　VRP-3DNCS 所有的操作都是以美工人員可以理解的方式進行的，無須程式設計者參與。不過需要操作者有良好的 3ds Max 建模和渲染基礎，只要對 VRP 平臺稍加學習和研究，即可快速製作出自己的虛擬實境場景。

■ VRP 系列產品功能繼承

- 對 VRP-MyStory 的繼承：故事編輯器的即時場景編輯、多種多樣的素材庫、快速的場景建立及豐富的視覺特效，都可以在 VRP-3DNCS 中得以展現。
- 對物理引擎的繼承：支援自然模擬對象的物理屬性，例如，物體的下落和碰撞等效果，讓對象之間的互動更加流暢；支援碰撞檢測、便捷的自定義機制，實現逼真的模擬效果。
- 對 VRP-SDK 的繼承：支援 SDK 功能，使客戶端、服務器功能更容易擴展 Web Service 支援，服務器狀態更容易管

理，更容易與其他第三方系統整合；便於根據行業或使用者實際需求，設計適合要求的專項策略。

■ 全新的 3D 創作體驗

故事編輯器的設計初衷即為使用者提供一個可快速完成 3D 專案的工具，無須進行複雜的 3D 建模和角色骨骼設定，輕鬆拖放、編輯豐富多元的即時內容對象，讓使用者在短時間內就能完成多角色、高品質的專案。

· **多種同步方式**：場景狀態（包括場景選擇集和對象表等）同步、對象狀態（包括位置、模型的增加和刪除，以及材質和紋理等）同步、相機資料自動同步等，確保在任何使用者的視角下，都能感受到同一操作所帶來的同步效果。

· **多種相機視角切換**：使用者可切換相機到不同的視角，如切換到個人視角、他人視角或者全局視角等，且支援畫中畫相機；便捷的視角切換，可用於企業售前售後內容的講解，不同的視角更利於企業從使用者的視角看待和講解問題。

· **自定義標注**：支援登錄使用者在場景中添加標注說明，這些標注將即時的在網路上同步，便於非添加標注使用者同步了解添加使用者的意圖，提高互動效率，可用於合作裝潢指揮、異地演練等。

· **即時溝通**：支援文字與語音的即時溝通，同時支援如腳本、

資料和事件等的全場景，使用此功能使用者可便捷的建立起 MMO 多人線上交流平臺，並控制溝通交流的區域：私人、區域廣播、全區廣播等。

· **安全策略**：內建多種安全策略供使用者選擇。安全策略建立在授權的基礎之上，未經授權的實體、資訊不可以給予、不被訪問、不允許引用、任何資源不得使用。在本平臺中可對授權自由控制，例如某使用者鎖定的模型對象，不授權情況下其他使用者將無權對其進行操作，可應用於一些較危險項目的教學，例如，重型機械拆裝、電子電路連接教學等。

行業應用

VRP-3DNCS 提供了一個允許不同地區、不同行業、不同角色即時的在同一場景下互動的平臺，因此適用於一些有學科交叉或新人培訓的場合。

■ 企業培訓

主要應用於對流程性要求較高的培訓，例如，起重機的操控，如圖 4-22 所示，透過真實模擬起重機的操控面板，可使學員更具體的學習相關理論知識。培訓師和學員之間可進行角色視角的調換，產生更好的指導和學習作用。

■ **學校教育**

在大學院校的教學過程中，VRP-3DNCS 主要應用於理論性較強的課程。使用互動平臺，讓學生在學習期間有互動和參與感，在形象化的教學中，效果事半功倍。例如電路設計課程中，利用 VRP-3DNCS 可以對電子元件拖曳，按照預想的電路進行連線，使用多用表進行通電的

圖 4-22 透過 VR 技術模擬起重機操作

圖 4-23 透過 VR 技術進行電路設計

測試，由於使用 SDK 進行了專項策略的編寫，符合電路理論的連線會連通，不符合理論的應用會給出提示，教師也會進行互動性的指導，如圖 4-23 所示。

第 4 章　築夢師的獨門絕技

■ 線上設計

　　利用本平臺，客戶和室內設計師可以就裝潢風格進行遠距即時互動，客戶不出家門即可輕鬆裝潢。另外，此平臺還能滿足設計師之間的聯合裝潢業務，支援多個設計師合作設計，如圖 4-24 所示。

圖 4-24 設計師透過虛擬實境技術進行合作

■ 客戶服務

　　本平臺可為使用者提供售前或售後的服務，克服時間與空間的限制，大大節省人力和時間成本。售前可遠距為客戶展示產品特性，售後可遠距協助客戶組裝產品，或者指引客戶快速排解產品出現的故障等。

■ 遊戲開發

　　透過 VRP-MyStory 可輕而易舉的完成遊戲模型及進行相關場景的建立，然後使用 VRP-SDK 進行遊戲邏輯的編寫，大幅縮減了遊戲的開發週期。

■ 地圖同步指引

為使用者提供大型會場地圖同步指引及其他交通路線同步指引服務。

4.2　Quest 3D

Quest 3D 軟體是由荷蘭的 Act 3D 公司在 1998 年研發出來的專門從事虛擬實境方面的應用軟體,軟體有豐富的功能模組,可以實現模組化、圖像化編程,不需要去編寫程式碼就能製作功能強大和畫面效果絢麗的 VR 專案,如圖 4-25 所示。軟體有很好的開放性,可以在 3ds Max 或 Maya 中完成建模、材質、動畫和渲染,然後導入到 Quest 3D,可以跟大量的 VR 硬體順利連接,還可以用軟體提供的 SDK 來開發新的功能模組和整合新的硬體設備。

圖 4-25 Quest 3D 啟動介面

4.2.1　功能特點

Quest 3D 是一款世界頂級的虛擬實境製作平臺軟體，在視覺表現方面尤為突出。Quest 3D 也根據產品設計的形狀特性、精密特性，真實的模擬產品 3D 設計和裝配，並允許使用者以互動方式控制產品的 3D 真實模擬裝配過程，以檢驗產品的可裝配性。包含多種輸出器，如 3ds Max、Maya、Lightwave、AutoCAD、Catia、UG、Pro/E 等可輸入檔案格式：WAV、MP3、MID、3DS、X、LWO、MOT、LS、MD2、JPG、BMP、TGA、DDS、PNG 等。除此之外，Quest 3D 還有如下優點。

容易且有效的即時 3D 建構工具

比起其他視覺化的建構工具，如網頁、動畫、圖形編輯工具來說，Quest 3D 能在即時編輯環境中與對象互動。Quest 3D 提供使用者一個建構即時 3D 的標準方案。Quest 3D 讓使用者透過穩定、先進的工作流程，處理所有數位內容的 2D ／ 3D 圖形、聲音、網路、資料庫、互動邏輯及 A.I.，完全是使用者夢想中的設計軟體。使用 Quest 3D，使用者可以不下任何程式的工夫，建構出屬於使用者自己的即時 3D 互動世界。在 Quest 3D 裡，所有的編輯器都是視覺化、圖形化的。真正所見即所得，即時讓使用者見到作品完成後執行的樣子。使用者將更專

注於美工與互動，而不用擔心程式錯誤及 Debug。過去需要幾天才能完成的專案，現在只需要幾小時便可搞定。

　　Quest 3D 獨特的通道系統可以讓使用者完全控制自己的專案，這種方法不需要借助任何程式設計工具，透過對圖形的修改即可進行編輯，而非程式碼。

性能卓越

　　相比同類產品，Quest 3D 的性能是最高的。透過 Quest 3D 編輯器簡單編輯，便能展示出令人驚嘆的高品質圖形效果，如圖 4-26 所示。Quest 3D 支援包括 HDR、泛光、運動模糊、景深、菲涅耳方程式、模擬霓虹燈、霧效、太陽炫光、太陽光暈、體積光、即時環境反射、花草樹木隨風擺動、群鳥飛行動畫、雨雪模擬等各種類型的環境渲染。

圖 4-26 Quest 3D 創建的虛擬環境效果極佳

擁有真實的物理引擎，可仿真物理模型

為了讓虛擬的教學環境更加逼真、更生動，Quest 3D 可以在場景中表現骨骼動畫、人物動畫、汽車、動物觸發動畫（如天空飛行的飛鳥）等在內的各種物理模型。

支援力回饋的設備

Quest 3D 可以在進行碰撞檢測和即時模擬反映（行走、跑步等動作模擬仿真）物體對象時捕獲所有的滑鼠輸入行為（包括滾輪和拖動）、所有的鍵盤按鈕行為（包括使用者所輸入的文本）、捕獲所有的操縱器行為（包括方向盤轉動等），以及支援現行的所有其他操縱器。因此對於有互動性的 VR 場景來說，透過 Quest 3D 創建場景是首選方案。

強大的網路模組支援

Quest 3D 還可以輕鬆自如的處理大專案。你可以完全控制邏輯或資料的位置。可將一個專案分割為多個文件，使每個開發人員都可以負責其自身的專案部分。

使用 Quest 3D SDK 你可以建立自己的通道，可在目前廣泛的組件集合中添加自己的功能。透過這種方式，Quest 3D 也可用作原型和新算法的一類測試。已經有 Quest 3D 用來測試一個新路徑的案例，例如為調查理論。採用 Quest 3D 可在一天內完成原型製作。

4.2.2　應用範圍

Quest 3D可適用於科學研究教學、應變推演、軍事模擬、旅遊影視、展覽展示、城市規畫、模擬駕駛、輔助設計、虛擬醫療、遠端控制、航空航天、工業仿真等多個VR領域。

4.3　DVS 3D

DVS 3D（Design & Virtual Reality & Simulation）是虛擬實境行業內第一個集設計、虛擬和仿真功能於一體的虛擬實境軟體平臺，如圖4-27所示。它完善了設計、虛擬與仿真之間的工作流程，實現了產品從概念設計、數位模型、方案評估、生產試製到市場行銷的數位化虛擬應用，提升企業專案開發管理的效率。

圖 4-27 DVS 3D 軟體介面

第 4 章　築夢師的獨門絕技

　　DVS 3D 有 Editor 和 Client 兩部分，透過網路進行資料傳輸和同步。Editor 可讀取常用模型格式（fbx、obj、dae、3ds等），提供模型效果編輯環境。也可以即時獲取 3D 應用程式的3D 圖形資料，並能夠獲取多個設計師的設計成果並進行資料整合。Client 基於大螢幕顯示環境或頭盔式顯示環境，實現 1：1立體顯示，整合虛擬互動外部設備的 VRPN 標準介面，提供追蹤設備（ART、Vicon、G-Motion、全身動作捕捉系統等）的直接連接使用，實現對設計方案的虛擬展示、裝配訓練、動畫控制、測量、剖切顯示等功能。DVS 3D 內建線上的 3D Store模型庫服務平臺，可方便、快速的查詢和下載所需行業模型，在 DVS 3D 中建立場景並進行互動操作。

4.3.1　功能特點

　　DVS 3D 平臺結合硬體環境實現多通道的主被動立體顯示，兼容 VRPN 和 TrackD 標準介面，實現虛擬外部設備的互動操作。此外還具備以下特點。

資料整合

- · 即時截取 CAD 設計資料（Catia、ProE、UG、Tribon、SketchUP、Navisworks 等），可直接將設計師的設計成果一鍵截取到 DVS 3D 軟體中。
- · 無縫讀取工業格式，保留大數據，多精度模型，完整獲取產

品結構、顏色外觀、幾何資訊等。

· 可同時截取多個設計師的多個設計成果,合作設計,高效整合資料。

· 內建線上 3D 模型素材庫,提供眾多行業的 3D 模型下載,快速建立場景。

視覺化管理

基於 PC 設計的資料原型的 3D 模型視覺化,視覺感官受限,無法即時直覺輸出沉浸式顯示,須借助中間軟體進行資料轉換,操作繁瑣。並且 CAD 的設計效果顯示單調,功能侷限,無法逼真、精準的了解專案開發成果,難以做出準確判斷。DVS 3D 透過場景編輯、效果調整、立體顯示的視覺化管理功能,讓設計效果以高品質畫面、強大的沉浸式體驗效果呈現。

· 多通道及頭盔式立體展示視覺化管理:支援 3D 模型及資料在虛擬實境環境中 1:1 沉浸式立體展示,直接使用虛擬外部設備與立體環境進行互動操作,為產品視覺化管理提供逼真的立體展示環境。DVS 3D 還全面支援 Oculus Rift 頭盔,為使用者提供輕量級的 3D 展示環境。

· 強大的圖形化編輯功能,設計效果更出眾:支援多種格式模型導入和獲取,快速建立場景。可快速在場景中添加天氣系統、材質紋理、地形、動態植被、動態水體等,提高設計效果。

3. 即時互動

在沉浸式立體環境或頭盔式顯示環境中，透過傳統的滑鼠、鍵盤方式無法理想滿足數位內容的互動操作。透過互動外部設備實現複雜人機互動，仿真模擬真實的各種操作。

- 多元外部設備，即裝即用：提供 VRPN 多元化虛擬外部設備介面，無須特製開發，簡單的參數配置後即可使用。
- 人機互動，精準校驗：對 3D 場景進行漫遊、布局設計、設備拆裝、仿真訓練、3D 測量、結構剖切、標注等互動操作，真實、直覺的進行方案評估。

4.3.2　應用範圍

DVS 3D 適用於高階製造、能源、國防軍工、教育科學研究、城市規畫及建築園藝、生物醫學等領域的虛擬仿真，應用於虛擬展示、虛擬設計、方案評審、虛擬裝配、虛擬實訓等工作環節。

場景模擬

各種危險工作場景的模擬、設備的操作過程模擬，從而為管理者提供決策規畫支援，例如，電力場景、化工場景、建築施工場景、海洋平臺、航空航天場景、沙漠場景等，如圖 4-28 所示。是規劃安全生產的重要輔助決策工具。

圖 4-28 DVS 3D 創建的沙漠場景

規畫布局

互動式的布局設計，提供準確、即時的資訊支撐及直覺、真實的視覺化和互動操作環境。對設計完成的建築場景或數位廠房規畫進行重定義或驗證，實現設計和管理的決策，如圖 4-29 所示。

圖 4-29 DVS 3D 創建的數位廠房

數位化樣品機

　　1：1 數位樣品機的 3D 展示，用於各種類型設備 3D 模型的結構展示、原理展示、工作模擬展示，如圖 4-30 所示。虛擬數位樣品機直接應用於現有的工作流程，無須製造硬體樣品機，節省大量研發經費，縮短產品開發週期。

圖 4-30 DVS 3D 創建的產品樣機

設計升級

　　多個設計師設計成果整合，在外觀設計、結構設計、性能分析等環節提供有效的溝通方式。評估和驗證設計產品的可操作性，減少跨部門、跨專業設計中的錯誤。

訓練培訓

　　模擬對產品的零件進行虛擬拆裝、剖切測量等操作。視覺化的操作模擬，可以大幅減少製作等比模型所帶來的成本和時間的損耗，降低了培訓對時間和空間的要求。

體驗式行銷

　　高精度的立體顯示效果，全面展示產品的每個細節。打造品牌形象，讓客戶體驗訂製的方案，提高銷售效率。

第 4 章　築夢師的獨門絕技

行業大革命

　　近年來，VR 技術憑藉著特有的沉浸感、互動性、想像力等特徵，成為全民關心的熱門話題。產業的發展也直逼網際網路的傳播速度，在全球掀起了一波又一波的 VR 浪潮。且隨著這項新技術的良性發展，越來越多的人投身於這一新興領域，試圖以此為籌碼建立自己的商業王國。除此以外，一些發展得比較成熟的傳統行業也試圖搭上這班快車，重登事業巔峰。

　　然而，在機會與挑戰並存的雙重作用下，世界上並沒有什麼吃了就能長命百歲的「萬能藥」，在某一程度上能為大眾帶來簡潔、便利的同時，也會帶來不少麻煩，特別是對於某些原有的傳統產業或職業來說，很可能就是強大的衝擊和破壞。本章便對目前 VR 影響較深的幾個行業進行分析。

第 5 章　行業大革命

5.1　從「玩」遊戲到「穿越」進遊戲

　　玩家對於電子遊戲的印象應該是從紅白機、遊戲間開始的，後來隨著科技發展，出現了 XBOX、SONY PlayStation 等遊戲主機，與此同時，個人電腦開始普及，從簡單的《踩地雷》、《撲克接龍》到 Flash 小遊戲，再到紅極一時的網路競技遊戲，如《星海爭霸》、《DOTA》，最後到風靡世界的網遊，如《魔獸世界》、《永恆之塔》等。近年來，行動設備逐漸成為遊戲主角，在手機端湧現了大量遊戲，像《水果忍者》、《爐石戰記》、《憤怒鳥》等，都掀起過不小的波瀾。而現在，隨著虛擬實境技術的高速發展，VR 和 AR 遊戲已成為目前玩家們最期待的遊戲方式。到了 2016 年，眾多 VR 設備如雨後春筍般出現在市場上，虛擬實境技術迎來了新的曙光，進入全面爆發的階段，市場競爭也將趨於白熱化。

　　虛擬實境遊戲和其他類型的遊戲主機一樣，經過了數十年的進化，早在 1939 年，使用 View-Master 設備，透過轉盤上 7 對微型彩色膠片，就可以為使用者提供一個「栩栩如生」的立體畫面，如圖 5-1 所示。

5.1 從「玩」遊戲到「穿越」進遊戲

圖 5-1 View-Master 廣告和它的轉盤膠片

在 1991 年，Virtuality 推出了一款由 Commodore Amiga 3000 電腦、頭戴式的 Visette 顯示器，以及一系列控制器組成的 VR 設備，並有 VR 版小精靈等多款遊戲支援，但限於價格和遊戲效果，該產品未能普及。

在 1993 年的 CES 上，Sega MD 主機推出了一款 Sega VR 設備，首發支援包括《VR 賽車》在內的 5 款作品。但因為未能解決遊戲時的暈眩問題，該產品最終被取消發售。

到了 1995 年，任天堂全面發售了一款名為 Virtual Boy VR 的設備，但該設備沒有使用任何頭部追蹤技術，而且支援的遊戲有限，再加上許多消費者在遊戲時出現暈眩、嘔吐等情況，在發售不到一年後，該產品最終也被遺棄。

但不久之後，任天堂又發表了一款名為 VFXI Headgear 的設備，配備雙 LCD 顯示器和動作追蹤技術，再加上立體聲揚聲器及 Cyberpuck 手持控制器，配合《毀滅戰士》和《雷神之鎚》等遊戲的支援，這款設備在當時確實風光了一段時間。經過電腦、主機及智慧型手機的衝擊，虛擬實境的概念被逐漸淡

化，直到近年隨著技術的發展，以及 Oculus Rift 等虛擬實境設備的成熟，VR 才開始重回大眾視野。

　　2011 年，任天堂推出了一款攜帶式遊戲機 3DS，該設備利用了視差障壁技術，讓使用者不需要配戴特殊眼鏡即可感受到立體裸眼 3D 圖形效果。該設備的版本另有任天堂 new 3DS 和 new 3DS LL，如圖 5-2 所示，圖形品質和裸眼 3D 實境效果更好。

圖 5-2 任天堂的 new 3DS LL

　　第五屆全球移動遊戲大會 GMGC，這個遊戲大會由全球移動遊戲聯盟 GMGC 主辦，全球的知名遊戲開發商、平臺商和營運商透過大會展示了泛娛樂策略、明星 IP、VR、國際化經驗、智慧硬體等先進技術和尖端理念。本次大會以「創新不止，忠於玩家」為主題，下設 VR 全球高峰會、VR 電競大賽、VR 體

驗區、G50 全球移動遊戲閉門高峰會、開發者訓練營、獨立遊戲開發者大賽、IP2016 全球移動遊戲行業白皮書、2016 全球移動遊戲生命週期報告等多個區塊。會上出現了非常多的虛擬實境遊戲，從虛擬實境的發展來看，未來 3 ～ 5 年，虛擬實境仍然會是熱門行業。

　　現階段的虛擬實境遊戲該如何進化？全球移動聯盟在接受媒體採訪時分析：「現階段輕度休閒 VR 因為技術實現簡單，會得到更快的發展。畢竟 VR 現在正受到高度關注，並且處於普及階段，一些上手快、有創意的休閒遊戲會成為使用者追捧的對象。複雜、有深度的遊戲，目前無論是製作技術還是創意實現都非常困難，但是一旦成功則必將得到使用者的注意。」

　　HTC Vive 剛上市就推出了 12 款遊戲，如《Audioshield 音盾》、《太空海盜訓練》、《工作模擬:2050 檔案》、《Arizona Sunshine》、《Final APProach》等，其中《Audioshield 音盾》可以掃描任意一個 MP3 檔案，並為其做難度評級且轉換成遊戲內容，而玩家則化身手持紅藍兩色盾的角色，隨著節拍抵擋遠處射過來的紅藍球體，如圖 5-3 所示。隨著選擇音樂的難度不同，玩家面臨的球將越來越複雜，而且同時可以鍛鍊身體、自由搖擺，因此在 VR 體驗館中廣受好評。

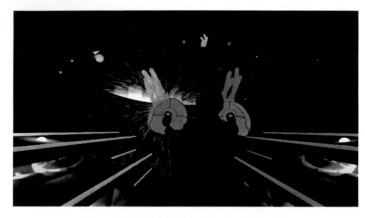

圖 5-3 廣受好評的《Audioshield 音盾》

　　而 Oculus Rift 預售的設備附贈了《Luck's Tale》和《瓦爾基里》等兩款遊戲。除此之外,《我的世界》、《異形:隔離》、《毀滅戰士 3》、《無處可逃》、《空甲聯盟》等遊戲都可以完美兼容虛擬實境頭戴式顯示設備。

　　隨著虛擬實境設備的普及,相信越來越多的遊戲都會慢慢向 VR 方向發展。不少接觸過日本動漫的人都或多或少看過《刀劍神域》,影片設定在 2022 年 VR 設備廣泛應用的世界中,講述主角們在一款名為《Sword Art Online》的 VR 遊戲中的冒險和愛情故事。而在現實世界中,IBM 日本分公司將聯合 Bandai Namco 和 Aniplex 共同再現這款虛擬實境大型線上網遊(VRMMO),這便是名為「Sword Art Online:The Beginning」的 VR 專案,如圖 5-4 所示。該專案將對玩家進行

全身真人 3D 掃描，把玩家的身體資料數位化，讓其用自己的虛擬角色直接進行遊戲。遊戲還為玩家配備了專門的感應器，以收集到玩家的步行動作，從而在遊戲中走動。

圖 5-4 VR 版的「Sword Art Online：The Beginning」

　　現階段的虛擬實境遊戲數量有限，著名的遊戲平臺 Steam 上雖擁有數百款虛擬實境遊戲，但大多數遊戲並不是基於虛擬實境技術開發的。有鑑於此，Steam 的開發公司 Valve 發表了「SteamVR 桌面影院模式」，如果使用者戴上虛擬實境頭戴式顯示設備，在這個模式下，遊戲就會被放在一個龐大的模擬螢幕上，這樣使用者就可以在虛擬實境中體驗任何的 Steam 遊戲了。整體來說，VR 遊戲和其他遊戲一樣，雖然在表現形式上有了很大的進步，但內容仍是遊戲的王道，因此本章接下來便對幾款目前相對來說較熱門的 VR 遊戲進行介紹。

第 5 章　行業大革命

5.1.1　在家也能玩真人 CS —— *Bullet Train*

作為《戰慄時空》的資料片，《絕對武力》已經將戰術射擊遊戲帶上了最高峰，成為第一人稱射擊遊戲 (FPS) 的代名詞，如圖 5-5 所示。《絕對武力》掀起的壯闊波瀾已經無須贅述了，許多玩家驚呼「又一個《星海爭霸》時代開始了」。CS 的戰術配合、行動模式、快節奏的遊戲方式令人心醉神迷。

圖 5-5 風靡全球的 FPS 遊戲—《絕對武力》

近些年由於科技的日新月異，遊戲界也早已發生了翻天覆地的變化，《絕對武力》也不再如以前一般熱門。但是射擊類遊戲中緊張刺激的節奏氛圍和對戰的爽快感已經深入人心，因此，射擊類遊戲的 VR 化也注定是所有玩家最為期待的一種，借助 VR 頭盔呈現出來的立體化虛擬畫面更為真實，輕鬆轉動頭部就能調整遊戲中的視角，跑步或者行走都能同步控制遊戲中的角色，舉槍瞄準射擊，所有的操作都如同實戰中一樣。

5.1 從「玩」遊戲到「穿越」進遊戲

　　而《*Bullet Train*》便是這樣的一款 VR 類射擊遊戲。在遊戲中，玩家將會扮演一個特務角色，在一個頗具現代感的車站中和敵方交火，玩家能夠使用多種武器進行戰鬥，一如《絕對武力》中的雙槍、來福槍、AK47 等。而這些裝備都將真實使用觸覺感控，讓玩家置身於真實的戰鬥環境，如圖 5-6 所示。

圖 5-6 《*Bullet Train*》的遊戲介面

　　遊戲開始，就像其他 VR 遊戲的開場一樣，雖然多少都會有點「陌生環境焦慮症」，但是還好，玩家的初始站位和列車的速度都設計得非常合理，並不違現實，因此雖然一開始就在晃動前進的列車裡，但是既不會暈也不會像某些「反人性」的遊戲，設計出讓人不得不做一些奇特的動作。

　　巧妙的利用傳送和時間延遲機制，避免虛擬環境下容易產生的眩暈問題，是《*Bullet Train*》脫穎而出的關鍵。

　　《*Bullet Train*》是 Epic Games 公司專為 Oculus VR 而開發的射擊類遊戲，與 Oculus Rift 和 Touch 都相容。Epic Games

第 5 章　行業大革命

公司的經理在 Oculus Connect 2 大會上談到了《*Bullet Train*》背後的設計過程、隱形傳態虛擬實境運動方法的演變，以及他們如何發現創新的搶子彈方法和投擲遊戲機制。Epic Games 想創造一個沉浸式虛擬實境體驗，並且是互動和動態設計的，讓任何人都可以體驗，不管他們過去的遊戲經驗是怎樣的。帶頭的虛擬實境工程師和創意總監合作創造《*Bullet Train*》，他們想探索在虛擬實境體驗中存在意味著什麼。

Epic Games 說，有這樣一門藝術，根據角色數和不同的裝備建構一個競爭的死亡競賽環境，並且在這個環境中開關新的道路。這不僅僅是從一個地方到另一個地方的傳送，創意總監在創造《*Bullet Train*》的時候考慮了很多。

對於普通玩家來說，《*Bullet Train*》絕對是他們迄今為止在虛擬實境中體驗到的最舒服的第一人稱射擊遊戲體驗。這種程度的舒適性，很大程度上歸功於他們的隱形傳態機制，目的是在地鐵上和地鐵站的不同地點之間移動，如圖 5-7 所示。在你傳送之後可以看到一個鬼影蹤跡，它可以幫助你定位你的新位置。Epic Games 表示他們想了很多設計該經驗的方式，以便讓你在各航點之間傳送的時候，擁有足夠的視覺線索來保持你的方向。

圖 5-7　《*Bullet Train*》中的隱形傳態機制

　　最好玩的是，無論在車廂還是打進站臺以後，都有很多子彈迎面飛來，玩家可以像《駭客任務》裡的人物一樣閃身躲避，還可以直接伸「手」去抓，如圖 5-8 所示，而這正是他們煞費苦心想出來的搶子彈方法和投擲遊戲機制。

圖 5-8 直接伸「手」去抓

第5章　行業大革命

同時 Epic Games 決定為開發者設計一種在 VR 環境下創作 VR 遊戲的方式，其初衷是為 VR 遊戲《Bullet Train》的研發團隊提供幫助。但大約兩年前，當 VR 頭盔第一次在公司出現時，Epic Games 就有了讓虛幻引擎支持 VR 遊戲製作、開發 VR 編輯器的想法。

開發 VR 編輯器所涉及到的很多工作，比虛幻引擎團隊想像中更容易，但他們仍然需要解決一些問題。例如，你如何在自己正在建造的 VR 世界中走動？他們的解決方案是讓開發者可以像蜘蛛人那樣飛來飛去，但同時也能夠抓住 (VR) 世界，將它拉到自己身前 —— 這便是在《Bullet Train》中看到的隱形傳態機制。

雖然 Epic Games 在 2016 年 3 月的 GDC 大會上才對外公布了 VR 編輯器的消息，但公司旗艦虛擬實境《Bullet Train》的研發團隊使用這套工具已有相當長的一段時間了。《Bullet Train》是 Epic Games 在 VR 領域的一個實驗型專案，主製作人稱公司之所以決定開發一款 VR 射擊遊戲，既是因為射擊類遊戲流行，也是因為 Epic Games 擁有豐富的射擊遊戲製作經驗。

在剛開始的時候，《Bullet Train》以一條城市街道作為背景，馬路中央擺放著一張裝滿各種槍械的桌子，玩家可以使用它們射殺敵人。「我們試圖讓玩家握槍的感覺極其真實、舒適，並基於這種機制進行開發。我們思考怎樣讓射擊體驗變得更有

趣，更讓玩家興奮，後來想到了『子彈時間』和『慢動作』的概念 —— 玩家可以抓住子彈回擲敵人。」主製作人說。

但《*Bullet Train*》不僅僅是一個 VR 射擊遊戲，它演變成為了一款以火車站為背景的科幻射擊遊戲。你可以在火車站周邊瞬移，搶奪槍枝，拳打或射殺敵人。你也可以透過讓時間變慢抓住子彈，甚至打出老式的街頭混戰式連擊。

「在那個時候，我們意識到我們需要組建一支 VR 團隊，創作一流的 VR 內容。」主製作人說道，「我們對此全力以赴，因為我們覺得 VR 真的有可能崛起。我們現在依舊這麼認為，這也許會在今年發生。」

奇怪的是，《*Bullet Train*》仍然是一個 Demo，Epic Games 似乎沒有計畫根據它開發一款完整的遊戲。《*Bullet Train*》能夠幫助虛幻引擎團隊了解到 VR 環境下開發遊戲存在的問題，但作用似乎僅限於此。

事實上《*Bullet Train*》是 Epic Games 開發的第三個 VR Demo，這家公司從未將另外兩個 Demo 向大眾展示 —— 它們存在的目的，似乎只是為了測試某些想法，在達到目的後就銷聲匿跡了。

雖然 Epic Games 尚未公布或推出任何一款 VR 遊戲，但這並不意味著公司不重視 VR 對於遊戲行業的價值。主製作人表示，從兩個方面來看，虛擬實境與 Epic Games 現有業務的

搭配度很高。「在引擎方面，我們對為虛幻引擎的使用者提供最佳 VR 開發工具很有熱情。在遊戲開發方面，基於過去一年我們的內部研發專案，尤其是開發《*Bullet Train*》累積到的經驗，我認為 Epic Games 的未來不可能缺少 VR。」

5.1.2　客廳中的《當個創世神》

　　隨著電腦技術的發展，人們對於遊戲的需求也從原先的遵循設計者既定的線性主線通關，演變為期待更多擁有非線性開放世界遊戲的出現。因此，一種特殊的遊戲類型應運而生，那就是沙盒類遊戲（Sandbox Game），而該類遊戲的核心就是「自由與開放」。

　　「沙盒類遊戲」指的是一種非線性遊戲，它與傳統線性遊戲有著根本的不同，開放式場景、動態世界、隨機事件和無縫銜接的大地圖才是其主要特徵。玩家可以在遊戲世界中自由探索，與各種元素隨意互動，而無須去做所謂的既定劇情任務或被迫進行無法返回的場景切換。與此同時，玩家的種種行為甚至是細微的動作，都有可能會對整個遊戲世界產生不可逆轉的影響。

　　這樣的遊戲會帶給玩家一種真正是自己在「玩」遊戲的感覺，而不是如傳統線性遊戲一般由劇情或任務牽著走，被遊戲「玩」。

　　因此，一批極具代表性的大作應運而生並悄然流行起來，包括《俠盜獵車手》、《薩爾達傳說》、《莎木》、《上古卷軸》等，受到玩家追捧的同時，也為遊戲界帶來一股全新的自由風潮。而這類遊戲相比傳統遊戲，最大的不同就在於其非線性的劇情發展，玩家既可以選擇去完成主線劇情任務，也可以選擇探索開放的地圖，去發現主線之外更多樣化的遊戲樂趣。

　　但是，真正將沙盒類遊戲推向一個全新的高度，讓人大呼「原來遊戲還能這麼玩」的神作則非《當個創世神》莫屬，如圖5-9 所示。這款將自由發揮到極致的遊戲，完全拋開傳統遊戲中的劇情、競技、升級等元素，既沒有任何明確的任務和目標，也沒有華麗的畫面或複雜的系統，玩家在遊戲中只須透過「破壞」和「建造」這兩種行動，再加上天馬行空的想像力，就能將一個個畫素小方塊組合成房屋、城堡，甚至是城市，創造出現實中可能或者不可能存在的神奇世界。這種顛覆式的超高自由度玩法，也使作為獨立遊戲的該作成為了遊戲界的黑馬，不僅登陸各大遊戲平臺，其各版本銷量也是久居不下，更被玩家奉為了真正的「自由」神作。

圖 5-9 《我的世界》具有極大的自由度

　　在 E3 遊戲展會上，微軟在推廣兩大主業務：Xbox One 和 Windows 10 PC 的同時，帶給玩家的最大驚喜便是 VR 虛擬實境遊戲的示範部分。微軟不僅公布了 VR 領域的兩個重要的合作夥伴，而且還將目前市場上最流行遊戲之一的《當個創世神》引入 VR 的世界，微軟直接用 HoloLens 秀了一把 3D 全息與虛擬實境相結合的場景，屆時玩家就可以在任何地點，即時的創造屬於自己的虛擬世界，例如客廳或者臥室，如圖 5-10 所示。

圖 5-10 《當個創世神》VR 版本

根據展會上的報導，微軟在 VR 領域已經獲得了兩個重要的合作夥伴：Oculus VR 和 Valve，他們也都表示各自旗下的主打產品 Oculus Rift 虛擬實境頭盔和 Valve Vive 都將全面支援 Windows 10。雖然展會上沒有公布更多的細節，但是這種科技聯合著實為玩家帶來了更多期待。

不過顯而易見的是，對於微軟這樣有實力的企業來說，它在 VR 虛擬實境領域的發展絕不會僅侷限於兩個夥伴的合作。同時公布的《當個創世神》VR 版便是最好的例證 —— 該遊戲可以完全利用虛擬實境技術結合微軟自家的產品 HoloLens 的優勢，創造出無與倫比的遊戲體驗。

HoloLens 全息 3D 眼鏡由微軟發明，該設備能夠讓使用者看到與自己聲音、動作符合，並完全融入周圍環境高清晰度全息影像。HoloLens 內部整合了很多先進的技術，包括可透視鏡片、感測器、專門訂製的高階 CPU 和 GPU 晶片、全息圖像處

理單元、空間環繞聲單元，以及下一代特定設計的鏡頭等。至於與遊戲相結合並進行現場示範，E3 2015 還是第一次。

　　如圖 5-11 所示，《當個創世神》開發商 Mojang 的工作人員頭戴 HoloLens 全息 3D 眼鏡，微軟的一名員工則使用 Surface 平板電腦啟動《當個創世神》。進入遊戲的瞬間，頭戴 HoloLens 的示範者瞬間看到了咖啡桌上「Minecraft 城堡」的全息環境，他可以透過語音命令和手勢來操作遊戲，也可以任意角度查看遊戲中建築的每一個角落，從左往右、自上而下、放大縮小完全無死角。

圖 5-11 透過 HoloLens 觀察《當個創世神》全息環境

　　整個示範過程令人印象深刻，在場的玩家無一不感到震驚，而且看起來 VR 版的《當個創世神》不僅突破了虛擬實境的境界，頗有混合實境（MR）的味道。

5.1.3 VR與手遊

在遊戲圈,「三十年河東,三十年河西」這句話並不適用,行動遊戲在兩年內就走完了十年的路程,三日不見當刮目相看卻更貼切。手遊精品化、重度化的趨勢繼續加速,以 IP 和影遊聯動為核心的泛娛樂策略初步成型。

過去兩年,騰訊依託微信和 QQ 兩大流量入口,所展現的強大分發能力令業界震驚卻又無奈,採取的精品化策略繼續蠶食著剩餘的市場空間。對此,以網易為代表的廠商祭出了 IP 大旗,以《夢幻西遊》、《大話西遊》為代表的產品自上線後表現驚豔,在 11 月更是成為 iOS 全球手遊收入最高的公司。除此之外,網易也學起了合作夥伴暴雪,於 12 月 18 日在上海舉行「2015 遊戲熱愛者年度盛典」中,正式宣布成立網易影視傳媒有限公司,走上了影遊聯動之路。從遊族的《三體》作品改編到暴雪的《魔獸》電影曝光,以及近期網易公布《天下 3》、《新大話西遊》的影視開放計畫。以 IP+ 影遊聯動方式打造文化產品的趨勢日益明朗。

在電競領域,英雄互娛與十多家遊戲企業、電競平臺成立的移動電競聯盟廣受關注,並不是因為找到王思聰擔任掌門人,而是該聯盟開始運作後是否能夠對企鵝帝國形成實質性威脅,但目前局勢尚不明朗。

VR 技術的迅速成熟得到了輿論和資本的熱捧,相關的硬

第5章　行業大革命

體和內容不斷在科技與展會上亮相。Oculus Rift、SONY PS VR、Gear VR 等一大批成型的 VR 頭盔產品不斷推陳出新，對應的 VR 內容也在緊鑼密鼓的開發中。業界普遍預測，將出現具有高度可玩性的成熟 VR 遊戲。SONY 已經公布了迄今為止規模最龐大的 VR 遊戲陣容，包括《空戰奇兵》、《最終幻想》、《生死格鬥：沙灘排球》、《EVE：瓦爾基里》，以及《真・三國無雙》等知名作品在內，超過 50 部遊戲將登陸 PS VR 平臺。在 PSX 大會上，SONY 再度公布了《*Job Simulator*》、《*Eclipse*》、《*Distance*》和《*Classroom Aquatic*》4 款虛擬實境遊戲，儘管大部分作品都不知道具體的發售日期，但相信未來一定陸續有作品登上 PSVR 平臺。

由於智慧型手機和手遊目前已經被不再受高度重視，以至於手遊寒冬論和手機代工廠倒閉在 2015 年頻繁出現，資源大多被投入到前景更好的 VR 領域。硬體如暴風魔鏡、HTC vive 等頭盔，還有更多如愛客 VR 頭盔在募資中，但目前由於缺乏像 SONY 那樣完善的生態環境和盈利模式，因此在內容上的弱點將成為中國 VR 行業的致命劣勢。不過目前企業已經開始注重內容和生態鏈建設，遊戲產業年會的「金蘋果獎」增設了 VR ／ AR 獎以鼓勵企業開發虛擬實境的遊戲內容，之前結束的 HTC 開發者高峰會上，HTC 宣布將自建 VR 平臺，緊接著不甘示弱的騰訊也宣布進軍 VR 平臺，相信隨著陸續有成熟 VR 遊戲作品面世，VR 遊戲數量將出現突破性成長。

　　VR 遊戲內容迎來爆發的同時，VR 的硬體標準也將進一步規範和成熟。Oculus Rift、SONY PS VR 和三星 Gear VR 分別代表了目前電腦、主機和行動領域 VR 硬體的最高標準，但就算是這些成熟的 VR 頭盔，仍舊面臨著眩暈、頭盔配戴不舒適、外接設備過多，以及標準不一等諸多問題。由於眼睛看到的 VR 畫面和耳朵接收到的真實位置資訊不相配，導致大腦負擔加大，從而產生動態眩暈，此外 3D 遊戲畫面還會使部分玩家產生 3D 眩暈。

5.2　真假難辨的電影世界

　　雖然遊戲是目前整個 VR 領域中最受追捧的一環，但是，對於整個市場來說，VR 遊戲畢竟屬於小眾，一般的使用者對此並不一定感興趣。而且虛擬設備售價整體偏高，Oculus Rift 全套售價 1500 美元；微軟的 HoliLens 售價 500 美元左右；而最便宜的三星 Gear VR 也在 200 美元左右。

　　除了硬體的問題，使用者體驗也並不是很好，過度重視硬體的做法導致 VR 行業在內容的開發上力不從心，所以就算硬體再高階，使用者也只能用這些設備玩玩小遊戲，看看為數不多的影片，根本無法體驗 VR 技術真正的絕妙之處，自然也就談不上使用者黏度。除了素材的缺乏導致使用者黏度不高之外，VR 遊戲中人物被放大的各種誇張行為，會讓以第一視角置身其

中的玩家在玩遊戲時間較長之後產生眩暈、嘔吐等不適感。因此，VR 遊戲並非是發展這一技術的長久之計。

　　而 VR 影片則能夠被使用者普遍接受，虛擬實境技術也在電影中早有應用。如《玩命關頭 7》（*Furious 7*）、《復仇者聯盟 2》（*Avengers: Age of Ultron*）、《魔獸：崛起》（*Warcraft*）等知名作品都嘗試運用了虛擬實境技術，如圖 5-12 所示。目前在 VR 領域，最缺乏的就是內容，而對於影片行業來說，內容總是會不斷產生的。

圖 5-12 電影《魔獸：崛起》中運用了虛擬實境技術

　　如果能將影片內容和 VR 技術理想結合，對於影視行業來說，將為其增添可看性；對於 VR 設備來說，豐富的影片會為其增添內容，使其贏得大眾的認可；對於使用者來說，他們對 VR 影片有極高的期待，VR 技術與影片的結合將為他們帶來好的體驗。

電影史上每一次里程碑意義的技術革命，意味著電影的視覺結構、表演風格、故事內容、工業體系、傳達方式的重大轉變，這一點從電腦 CG、3D 立體影像與電影的結合不難看出。而在電腦 CG、3D 立體影像日趨成熟、被大眾普遍接受不再新奇的今天，隨著電腦技術的日益成熟，VR 技術成了如今全世界最熱門的電影產業話題之一。

5.2.1 從「看」電影到「演」電影

在介紹 VR 電影之前，不妨先設想一下這樣的情景：自己蜷縮在客廳的沙發上，用手機選好了想看的電影，戴上 VR 眼鏡，然後就進入了一個現代的虛擬 IMAX 影廳。這是專屬於自己的包場，你可以邀請遠在另一個城市的好友和你一起觀影，他就坐在你的旁邊，你們可以一邊看一邊語音聊天，不用擔心吵到別人，不用被不講公德心接電話的人打擾，周圍沒有食物的刺激氣味，也沒有後排一會踹你椅背一腳的小朋友。電影開始，你可以選擇繼續在虛擬 IMAX 廳觀看，也可以選擇進入電影場景。如果你選擇進入場景，湯姆漢克斯或者安海瑟薇可能就在你身邊，甚至還有可能向你點頭致意；一隻螢火蟲飛來，你可以用手指與牠互動；你可能像坐飛行傘一樣飛過一片森林，可能在槍林彈雨中左躲右閃，也可能在海底與大白鯊擦肩而過……

這便是 VR 電影，也可以稱作「互動式電影」。其理念在 2005 年首次提出，是一種全新的電影產業概念。互動式電影把

263

第 5 章　行業大革命

觀眾從傳統電影的單線性敘事模式中解放出來，讓觀眾不再只是被動的觀看影片，而要觀眾可以參與到劇情發展中去，跟電影即時的產生互動，影響劇情的走向和發展。傳統電影與 VR 互動式電影的敘事方式對比，如圖 5-13 所示。

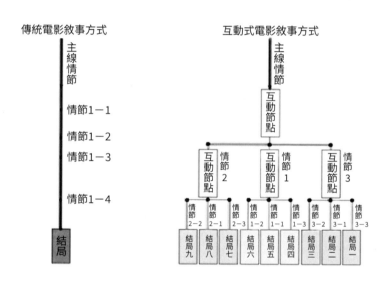

圖 5-13 傳統電影與 VR 互動式電影的敘事方式對比

　　將互動作為「關鍵理念」的第三代電影，其實質則是能與觀眾進行更好的溝通，而 VR 技術能讓使用者的代入感發揮到極致。即互動電影這種形式在思維上抓住使用者，VR 技術在視覺上推動使用者；當電影可以隨著你的思維產生劇情的變化時，互動電影整體就形成了一個沙盒遊戲，你的行為決定著劇情的走向，你的一言一行影響著結局的變化，觀眾不再是電影的局

外人，而是直接的參與者，從「看」電影到了「演」電影。

電影被稱為繼文學、音樂、舞蹈、戲劇、繪畫、雕塑、建築後的「第八種藝術」，但 VR 電影卻可能要突破這個範疇，成為自成一派的「第九種藝術」。因為 VR 電影具有超越其他一切藝術的表現手法，是可以容納建築、音樂、繪畫、雕塑等多種藝術的現代科技與藝術的綜合體。從底片到虛擬實境，電影已深入到人們生活中，成為娛樂活動中不可或缺的一部分。

5.2.2 VR電影的拍攝難點

雖然層出不窮的影片能夠為缺乏內容的 VR 設備提供大量的素材，但拍攝 VR 影片遠比拍攝普通影片的難度要大得多。整體來說，目前的 VR 電影拍攝具有以下幾個難點。

怎麼講好故事

講好故事，是所有優秀電影必備的特點，VR 電影也自然不例外。對於虛擬實境電影的製作者來說，最容易被問到的問題便是：如何在 VR 的場景下講好一個故事，因為在這種環境下，傳統的技術是無法工作的。具體解釋來說，虛擬實境實現了類似心電感應一般的神奇效果，將使用者從一個位置「瞬間傳送」到另一個位置，使用者可以在任何時間看到他們想要看到的、任何地點、各種角度的景象，因此就產生了與實際認知的「疏離感」，因為我們已經習慣了傳統的矩陣攝影機，而「太

先進的」VR 技術卻讓觀眾難以重新架構、建立起「電影內的世界」。

現在科技圈內已經陸陸續續誕生了多部虛擬實境電影，它們褒貶不一，品質參差不齊。例如，第一部 360°電影《*Zero Point*》，它需要搭配 Oculus Rift 設備一同觀看，但是觀影效果很不佳，跟想像中的好的虛擬實境影視體驗還差得很遠。至今最打動人的 VR 電影還是 Felix & Paul Studios 工作室推出的作品，其精緻程度與由好萊塢經驗深厚的演員演出的大片不相上下，很能觸動人心。

現在已經出現的和預計發表的 VR 影片都有一個同樣的特徵，時長都不超過 10 分鐘，甚至平均下來僅 3 分鐘左右。時長不僅受成本限制，也會受到拍攝技術和劇情限制。例如，虛擬實境技術的市場先驅 Oculus VR，在經過 2 年多的耕耘之後，開始真正著手解決內容缺乏的問題。他們成立了一間影片工作室，名為 Story Studio，目標是將虛擬實境技術與電影相結合，呈現新的故事敘述方式，被稱為 VR Cinema。

為了達到這個目標，Oculus VR 聘請了 Pixar 的製作人薩斯卡·恩賽（Saschka Unseld）作為公司第一部 VR 影片的導演，他曾經導演情節感人的動畫短片《藍雨傘之戀》（*The Blue Umbrella*），如圖 5-14 所示，短片中的街景畫面接近寫實，與 Pixar 所堅持的風格大相逕庭。

圖 5-14 畫面極為寫實的動畫電影—《藍雨傘之戀》

　　不久後 Oculus VR 發表了一部名為《*LOST*》的 5 分鐘短片，如圖 5-15 所示。《*LOST*》的情節很簡單，就是一個龐大的機械手尋回自己主人的故事。然而，觀影體驗卻很不一樣。戴上 Oculus 公司的 Crescent Bay 設備進入影片後，首先看到的是電影工作室的 LOGO 與名字，還有字幕，這些和普通電影一樣。

圖 5-15 VR 電影短片《LOST》

　　但隨著情節發展，觀眾便可以發現，自己並非在看電影，而是處於電影裡面，可以環顧自己所處的環境。電影裡的視覺引導會非常重要，從一開始就需要告訴人故事的主角是誰。片中觀影者可以自定義觀影的節奏，因此《LOST》的實際時長可以是 3 分鐘，也可以是 10 分鐘。

拍攝費用高昂

　　VR 電影近乎「天價」的製作成本卻成了製作人們難以跨越的難題之一。打個比方，一部名為《HELP!》的 VR 電影，可謂是 VR 特效電影的開山鼻祖，《HELP!》故事情節豐富，導演、演員陣容也算重量級，該片由《玩命關頭》系列電影的華裔導演林詣彬指導，男主角也是該系列電影的主演之一姜成鎬，《HELP!》電影背景設定在洛杉磯，一陣流星般的碎片劃過天空後，出現了奇怪的外星生物追逐不明真相的主角，如圖 5-16 所示。為了躲避外星生物的追擊，男女主角不得不四處逃竄，最終慢慢解開整個故事的真相。

圖 5-16 耗資龐大的 VR 短片《HELP!》

劇情雖然簡單，全片也只有短短的 5 分鐘，但是《*HELP!*》的製作成本卻高達 500 萬美元，將近 1 分鐘 100 萬美元。作為全球最為豪華頂尖的 VR 特效大片，它是如何燒掉了 500 萬美元的製作成本的呢？

首先，VR 影片需要拍攝到 360°全方位的畫面，一個機位就需要使用 4 臺 Red Dragon 攝影機（每臺價值 20 萬美元）同時進行 4K 的拍攝，然後透過後期軟體，把四個畫面「縫」成一整個畫面，如圖 5-17 所示。

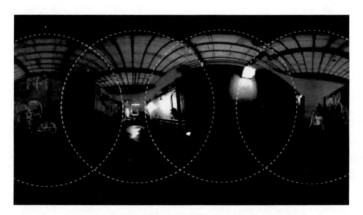

圖 5-17 4 個魚眼畫面（180°）縫合好後的效果

另一方面，為了使機器運動流暢，並在畫面中盡量少出現設備，劇組使用了蜘蛛系統（Spider System），這是一種透過吊掛在攝影棚內部鋼纜進行運動的攝影裝置，要承載 73 公斤的設備，如圖 5-18 所示。

而最為燒錢的還在後面，短短 5 分鐘的《*HELP!*》電影的後期製作費用極為高昂，僅後期人員就有 81 個，用了 13 個月的時間來處理 200Tb 的素材。整部影片的渲染幀數達到了 1500 萬個，相當

圖 5-18 攝影棚上方安裝了支重架

於拍攝了 4 部《美國隊長 3》（*Captain America: Civil War*）。

最後嘔心瀝血呈現出來的，便是一部「一鏡到底」的 5 分鐘 VR 影片，由於是 360° VR 影片，觀眾可以隨意轉動，觀看任何一個方向的畫面。

導演和演員的重新定義

從拍攝方式來說，VR 影片需要全程為觀眾展現 360°的全景鏡頭。這就要求除了演員之外，包括導演在內的所有工作人員都不能進入攝影棚，也就意味著導演只能在場外掌控整體的劇情及拍攝進程。而一般的影片在拍攝過程中，導演應該是全程在場內掌握劇情進程的，可以說導演是劇組的靈魂。

像中國第一部 VR 短片《活到最後》（如圖 5-19 所示）的投拍方「蘭亭數字」的聯合創始人莊繼順說：「我們接觸了幾個

知名導演，不少導演對於 VR 電影很感興趣，但在初期接觸後全部都猶豫了。其中一位導演問了我一個問題：等開拍的時候，我站在哪裡指揮？」這讓他無言以對。

圖 5-19 中國首部 VR 短片《活到最後》

在經歷過多次碰壁後，蘭亭最終敲定了年輕導演林菁菁。對於當初無法給出解決方案的導演監看問題，蘭亭最終將拍攝設備上直接外接了一個 VR 直播推流機，「我們拍攝的時候就是屋子裡面在拍，包括導演在內的工作人員在屋子外面圍著螢幕看 VR 直播。」莊繼順說。

VR 電影與傳統電影不同，由於觀看者會置身於一個「真實」環境之中，貿然切換鏡頭會顯得十分突兀，進而產生場景帶出感。這就要求 VR 電影需要保持較高的連貫性，即使要切換鏡頭也要務必保證過渡的自然性並減少切換的頻率。

這個要求反映到演員身上，就是要讓演員盡可能「一鏡到底」。在此次面世的電影中，全場 12 分鐘的電影由 8 個一分半

鐘的片段拼接而成，其中，真正切換鏡頭的次數只有三次，這
讓傳統電影頻繁「Cut」的習慣無法延續，而一般的電影演員則
無法適應這種演出模式，如圖 5-20 所示。

圖 5-20 演員頭戴 VR 設備進行表演

　　過去演員的表演都是面對其他演員，或面對攝影機，演員
永遠知道觀眾的視線來自哪裡，對，就是攝影機。現在，全景
拍攝中，演員會不知所措，當然這主要指的是電影電視演員，
越是資深的演員在全景拍攝中會顯得緊張侷促，因為他們擔心
以前拍攝中自己的表演或形象都可以透過剪輯和構圖修飾，
現在真的是問題大了。比起演員們擔心的這些問題，表演本身
也出現了新的挑戰。有些人會很快做出結論，乾脆都用話劇演
員就好了 —— 因為話劇演員本身就要求一鏡到底，如圖 5-21
所示。

圖 5-21 話劇演員的表演都是一鏡到底的

5.2.3 VR電影的類型選擇

如果說 VR 電影的拍攝在技術上存在難題，在日後都可能被不斷進步的科技攻克，那 VR 虛擬實境技術與電影工業藝術形式之間的結合形式，則可能會是一個永恆存在的問題 —— VR 電影拍什麼？

首先要明確的是，在 VR 技術發展的初期，最適合 VR 與電影有機結合的是偵探、恐怖、紀錄、科幻等對於還原現實場景有天然優勢和需求的電影題材，這也解釋了為什麼在 2015 年的日舞影展選擇 Oculus VR 公司的恐怖短片《*LOST*》，以及 2016 年 11 部入選日舞影展的 VR 影片中未來色彩科幻題材的《*Defost*》被排在第一位。當然，隨著 VR 電影技術的不斷發展，VR 電影的素材會越來越廣泛，商業片越發商業，文藝片越發文藝，VR 電影版本的《蝙蝠俠對超人：正義曙光》（*Batman v Superman: Dawn of Justice*）和《少年 Pi 的奇幻漂流》（*Life of Pi*）也不是不可能。

第5章　行業大革命

在題材之後，具體到電影劇本和故事的選擇上，VR 電影和傳統電影在故事角色、敘事結構、故事視角等方面有著明顯的差別。VR 電影是 360°視角的電影，軸心是觀眾的眼睛，電影故事必須時刻隨著觀眾的視線層層推進，這也決定了在於觀眾的互動交流上，VR 電影的強大優勢是傳統電影所無法比擬的。所以在敘事結構和故事視角的處理上，VR 電影難度更高，因為觀眾有極大的選擇權，觀眾可以向上看向下看向左看向右看，電影必須照顧到每一個角度，才能為觀眾帶來真實的體驗，如圖 5-22 所示。這也意味著敘事結構上時間空間的連續邏輯，以及故事視角的多樣性的必然。那種多線敘事結構的優秀電影劇本可能需要更多的創造力才能和 VR 結合在一起，這也是今後 VR 電影必須重點解決的一個問題。另外，由於選擇的多樣性，觀眾觀看同一部 VR 電影的時間也各不相同，電影故事必須更加全面，具備強大的內在邏輯才不至於穿幫。

圖 5-22 VR 電影具有極大的自由視角

　　隨著電影題材和電影故事的變化，對於電影製作人員尤其是導演、攝影、剪輯來說，可能是製作理念、製作方式、美學概念的全盤推翻。舉一個簡單的例子，在拍攝《東方快車謀殺案》（*Murder on the Orient Express*）這樣的偵探片當中，偵探最後與眾人齊聚一堂進行破案分析的場景時，導演、攝影、剪輯該如何去滿足觀眾希望視角在偵探、犯罪嫌疑人、旁觀者、群眾等角色，以及電影場景的不斷來回，顯然難度不是一般的高。

　　在製作完 VR 電影成品推向市場時，首當其衝的是電影院，不少媒體分析指出電影院可能就此消失，因為電影製作公司和電影發行公司加上 VR 設備廠商，可以直接一條龍式的將 VR 電影推廣給大眾，大眾只需要購買相應的設備和電影即可，顯然沒有電影院的事了。而入口影片網站可能因此受益匪淺，畢竟它們可以購買此類電影並透過網路管道銷售給使用者，使用者只須付費購買之後登錄 VR 設備、連接網路完成傳輸即可。而優秀的 VR 電影也可以極大程度上帶動衍生品的銷售，並以電影為基礎開發電影遊戲、電影遊戲跨媒體聯動，打造涵蓋電影、遊戲、文學、網路、衍生品銷售在內的全方位產業鏈。

5.3　新式的教學體驗

　　一道「虛擬與現實」作文題難倒了不少平時很少關心科技領域的考生。該作文的命題內容如下：「線上購物、影片聊天、線上娛樂，已成為當下很多人生活中不可或缺的一部分。業內人士指出，不遠的將來，我們只須在家裡安裝 VR（虛擬實境）設備，便可以足不出戶的穿梭於各個虛擬場景。時而在商店的試衣間裡試穿新衣，時而在足球場上觀看比賽，時而化身為新聞事件的『現場目擊者』……當虛擬世界中的『虛擬』越來越成為現實世界中的『現實』時，是選擇擁抱這個新世界，還是刻意遠離，或者與它保持適當距離？」

　　可見，VR 的觸角已經比我們想像的還要深入。VR 與教育的結合，絕對可以顛覆以往的教學模式，虛擬實境技術能夠為學生提供生動、逼真的學習環境，如建造人體模型、太空旅行、化合物分子結構顯示等，在廣泛的科目領域提供無限的虛擬體驗，從而加速和鞏固學生學習知識的過程。

5.3.1　從黑板到網路，再到 VR 教學

　　教育是立國之本，目的培養更多優秀人才，為國家發展提供更多新生力量，推動國家科技進步，保衛國家安全。從教育發展史來看，可以把教育劃分為三個階段，隨著科技發展，新教育方式出現。

傳統教育階段

　　傳統教育已經發展幾十年了，傳統教育分為普通教育與職業技術教育，普通教育是主要以高中為主，最後學生考大學。職業技術教育學生以學習技術為主。兩種教育上課方式都是在課堂進行的，圍繞某個學科而展開，老師在黑板上奮筆疾書，學生們在下面認真聽講，便是傳統教育最為直接的畫面。

　　傳統的課堂教學模式有以下幾個共同的特點。

· 都屬於「講解—接受型」的教學模式，其根本目的是服從於學科教學的需求，系統性、完整的傳授人類社會幾千年來累積的文化科學知識。
· 都是採用單向的資訊傳遞方式，教師是教學資訊的主動發出者，學生是被動的接受者，師生之間很少有主動的資訊雙向交流。

　　這種傳統的課堂教學模式不利於激發學生學習的積極性，剝奪了學生課堂教學中的情緒，造成了課堂教學的沉悶局面，學生往往視學習為畏途，厭學現象嚴重。如何盡快改變課堂教學的這種沉悶局面，成為課堂教學改革的重要課題。

網路教育階段

　　網路教育發展已經有一段時間，是教育的一種新形式，網路教育全國各地優秀的師資共用，讓更多學生受益。網路教育

具有直接、生動、理想的模擬性，豐富的資源共享性和方便、快捷的互動性。它綜合了課堂講授、書本教學與電腦教學的長處，把各種教學方式的優點系統結合起來，能多方面的帶動學生的積極性，使學生學得懂、理解得快、記得住，從而達到因材施教和生動、活潑的教育效果。網路教育階段具有以下幾個特點。

■ 多媒體教學

多媒體教學軟體大大的增強了教學魅力，能使學習的內容圖文聲像並茂，栩栩如生。特別是在示範和實驗方面的仿真功能，例如用電腦模擬肉眼不能直接看到的微觀結構及其變化過程，或者用 PPT 教材講解一些生動的課本知識。能使許多抽象的和難以理解的內容變得直覺易懂、生動有趣，從而收到事半功倍的效果。

■ 資源共享

在多媒體教育網路上，教師可以很方便的將實物、教案、圖表、幻燈片、軟體程式、動畫、聲像資料、課堂講授，以及在網路上的各種資源擺到學生的面前，可以在瞬間完成各種媒體的轉換，可以利用現成的軟體將一些難以計算和描繪的結果具體的顯示出來，可以立即組成一個系統，並隨時修正參數，重新示範系統的功能和運行情況，從而提供了一個極其生動、活潑、直覺、有趣的教學環境，為充分發揮教師的作用開闢了一個空前廣闊的舞臺。

VR 教學

　　VR 教學是透過虛擬實境，利用電腦圖形系統和輔助感測器，生成 3D 教學環境，當然這個教學環境可以是世界各國，可以在公園、河邊、建築的頂層等。VR 教育要製作大量教學內容、學習素材、教程、3D 空間製造等，讓學生在聽覺、視覺、觸覺等感官的虛擬，以體驗方式來學習，可能滿足很多人的需求，當然你也可以跟世界名師學習。脫離教室到戶外上課都可以成為現實。

　　毋庸置疑，虛擬實境技術可以讓學習變得更有趣。如果 VR 作為教育工具應用在課堂上，將為學生們展示一個可以互動的虛擬世界，如圖 5-23 所示。不僅可以寓教於樂滿足學生們的好奇心，還能開拓他們的思維，以創新的方式傳授知識。另外，虛擬實境本身的沉浸感還會有效吸引學生們的注意力，讓他們的學習效率更高。

圖 5-23 透過 VR 進行教學

5.3.2　當前 VR教學的困境

　　VR 教育是否如預料中的掀起燎原之勢？在布局教育的道路上，VR 又能如所期待的那樣「顛覆教育」，有新的進步和創造？整體來說，VR 在教育應用方面還存在以下問題。

切入教育領域的公司少

　　VR 公司雖然多，但切入教育領域的少。目前 VR 公司切入最多的領域依然是遊戲和影視，教育雖然一直雷聲大，但雨點小。

　　VR 的全景教學模式能夠讓學生實現「沉浸式學習」，提高英語課堂的學習效率。VR 作為一種新技術，將開創全新的英語學習模式，建構真實的語言環境，為學生帶來場景式體驗。

　　使用者可實現對教學課堂的 360°觀看。戴上頭盔就會有置身其中的感覺，可以幫助學生加強課堂學習和體驗。

　　據了解，大學院校尚無在課堂上使用 VR 設備的案例。但某些大學已在校內建立了虛擬實境技術實驗室，主要從事 VR 的科學研究和技術開發。在電腦基礎課程中，還增加了虛擬實境相關的內容。課程介紹中稱，「教師將透過介紹 VR 技術的最新成果，幫助學生更深入理解 VR 技術，並預測 VR 未來發展方向。」由此可見，VR 教育已見端倪，但目前火勢仍小，不足燎原。

硬體品質不達標

VR 的出現改變了平面世界，建構了 3D 場景，並被賦予期待，希望有一天能達到學習媒體的情景化及自然互動性的要求。因為對於學生來說，親身的學習體驗顯然比空洞說教更能滿足需求。然而，綜合 VR 發展歷程來看，在硬體和技術方面，各國 VR 依然落後於歐美。儘管部分 VR 公司在技術領域實現了一定的創新，但大部分 VR 軟硬體技術尚未成熟，使用者體驗不好，仍然難以推廣。此外，VR 產品的價格與功能方面也存在悖論。功能越豐富，價格越高，買的人就越少；但走廉價路線的 VR 產品，又因產品性能不過關，使用者體驗不好等原因無法一直「紅」下去。看來 VR 想要一直吸引人，以最低成本提供最好的使用者體驗才是產品換代的核心和必經之路。

其次，從教育領域看，太多專注教育的公司。除卻少部分院校對 VR 的應用之外，VR 技術也沒有大範圍應用。究極原因，大致可分為以下幾點。

· 長時間配戴，學生依然會產生暈眩和不適感。
· 對於 PC 端的 VR 設備來說，能夠支援虛擬場景晶片的電腦全球範圍內僅有 1,300 萬臺左右，即不到全球電腦總數的 1%。
· 功能依然不夠完善，使用者體驗需要加強。
· 除了 CardBoard 這種走廉價路線的廠商之外，以 Oculus

為代表的 VR 設備依然價格高昂，不利於學校大範圍推廣。

· VR 設備除了提供場景化學習、便利學生的近距離觀察體驗外，在教育領域並沒有其他創新性的應用，依然是有點多餘的產品。

· 最重要的一點，即 VR 內容與硬體不相配。硬體在提高，而內容跟不上。教育重內容、重品質，內容是根本，技術是方法。而目前有的 VR 設備因技術等種種原因，場景單一，內容不夠豐富，吸引不了使用者。學生在使用產品的過程中得不到想要的知識，體驗不到豐富內容，自然就不會繼續使用 VR 設備。

5.3.3　世界各地的 VR 教育

儘管國外 VR 普遍在技術層次逐漸通關，但教育領域依然未大規模推廣。2016 年 5 月，Google 就宣布了 Expeditions Pioneer 項目，該項目包括 VR 設備 Google Cardboard、路由器、智慧型手機和平板電腦，能利用虛擬實境技術幫助孩子提升課堂體驗。同年 9 月，Google 又宣布與加州頂尖公立學校合作，免費推廣虛擬實境的教室系統。

美國 zSpace 公司也是一家為 VR 教育提供解決方案的典型公司。zSpace 由一臺單獨電腦和 VR 顯示器組成，並配備有觸控筆，幫助學生操縱虛擬 3D 物體，加強學習體驗。此外，

zSpace 還成立了專門的 STEM 實驗室，每間實驗室搭配 12 名學生和 1 名教師，幫助學生學習數學、物理和生物等課程。在全美國有超過 250 個學區、大學，以及醫療機構在使用 zSpace 的產品。

　　「學生喜歡用 zSpace，因為這為他們的學習帶來許多樂趣。」來自 Los Altos 學區 Covington 小學部 STEM 實驗室的一位老師說，「教師和學校選擇 zSpace 是因為它能讓學生更融入學習中，並沉浸到一個傳統課堂無法創造的世界裡。學生真正的踏上了知識旅途。zSpace 改變了所有學生的學習方式。」

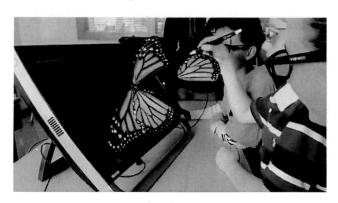

圖 5-24 STEM 實驗室

　　在已經使用 zSpace 的學區，學生們已經探索了虛擬火山和建構了先進電路板。這個系統為學生提供了真實的學習環境和個性化學習體驗，且符合美國新世紀科學標準（NGSS）、基礎課和各州標準。虛擬全息圖像可以從螢幕中「取出來」並使用

觸控筆去操控。一些應用則提供多感官回饋。例如，學生在和一個虛擬心臟互動時，可以看到、聽到並感覺到它在跳動。

其他 VR 解決方案可能會顯得孤立，但「zSpace 教育」鼓勵互動和小組合作。最重要的是，「zSpace 教育」讓學生在一個虛擬環境裡「動手學習」。在這個虛擬世界中，學生更容易改正錯誤、做出改變，同時學校也不用擔心材料成本和清理工作。

不過，業內人士指出，與同功能的其他 VR 產品相比，zSpace 價格昂貴，一臺相當於 6 個 Oculus，不利於產品推廣。除了增強課堂體驗外，國外一些大學還利用 VR 技術吸引生源，招募新生。據報導，位於美國喬治亞州的 Savannah 藝術設計院校成為第一個大規模使用 VR 技術的大學。Savannah 藝術設計院校購買了數量可觀的 Google Cardboard 設備，錄製好校園介紹並寄給已被錄取但尚未入學的學生，幫助他們提前適應校園生活，了解校園文化。此外，坐落在德州的 Trinity 大學也將 VR 設備用於校園文化的推廣和普及上，並獲得了不錯的效果。

儘管 Google 已經有所動作，但 VR 技術在國外院校的普及率依然不高。據了解，除卻普通院校，包括 Minerva 在內的國外頂尖院校也沒有對 VR 進行廣泛的課堂應用。為此，Minerva 的一位同學說，VR 永遠不會是教育和教學的核心，且 VR 並不適用於所有課程，它的應用跟語言和情境有很大關係。例如語言文學類課程其實並不需要 VR 技術的參與，而在建築、物理、醫學、生物等專業課程中應用 VR，則有利於學生更容易理解課

程內容,進行深入觀察和分析。她表示,教育不是萬花筒,不需要把所有新東西都放在學習面前。

5.4 虛擬的戰場

如果說,VR 對遊戲、影視、教育等領域擁有強大前景。那麼,軍事領域則是真正的 VR 實用領域了。翻開其發展史追尋根源,最早的 VR 技術甚至就是一項純粹的軍事科技。

眾所周知,戰爭是促進科技發展的重要因素,廣義上 VR 涵蓋的內容相當廣泛,但追根述源,早期都是作為戰鬥機頭盔系統的一項技術分支發展而來的。

當然,因為駕駛員要兼顧操作艙內的複雜設備,不可能像現在常見的 VR 設備那樣完全封閉視覺,所以 VR 只是作為新一代戰機視角控制器的一項分支技術。其中還包括平顯、頭動追蹤、眼球追蹤等多種技術的融合,而這些技術直到近年才慢慢出現在 VR 的領域。

而在尖端領域,五代機 F-35 的 HMDS 頭盔系統就能直接透過機外設備顯示周圍 360°範圍的全景圖像,視線將不受戰機本身干擾,甚至實現了 MR(混合實境)技術的應用,如圖5-25 所示。而其 40 萬美元的單價也讓其成為「最貴的頭盔顯示設備」,但如此高的造價相對於 F-35 超過 1.35 億美元的單架採購成本來說,也只是零頭而已。

圖 5-25 HMDS 頭盔系統

5.4.1　VR技術在軍事應用上的優勢

VR 技術在軍事領域的適用範圍相當廣泛，其優勢主要集中在以下方面。

節省訓練成本

VR 在軍事方面最常見的應用就是模擬訓練，其中最大的優點在於節省訓練成本。以空軍為例，現代戰機的起落次數壽命均在千次左右，加上燃油、地勤、維護、戰機成本等開銷，實機飛行訓練的成本貴到咋舌。

而利用虛擬實境科技來進行戰機模擬訓練無疑大為節省了

訓練成本。實際上，美國軍方很早就展開了這方面的研究，1980 年代美國空軍開始研究的視覺耦合航空模擬器（VCASS）計畫就是利用頭戴式顯示設備模擬逼真的座艙環境，並且能夠對飛行員在模擬系統中的動作做出反應的系統，如圖 5-26 所示。

圖 5-26 虛擬實境可以創造出逼真的座艙環境

　　隨著技術的進步，擁有全動設備的訓練座艙並不少見，甚至已經出現了利用離心設備模擬高過載環境的模擬訓練座艙。無論是頭戴式顯示設備式座艙模擬器，還是全景座艙模擬器，都有各自的訓練定位，這些設備因為幾十萬元的硬體成本而難以向民間市場普及，但相對空軍來說，則節省下大筆訓練成本，是最好的地面訓練方式。

　　除了燒錢的空軍，近年來在陸軍中也開始利用中、低階 VR 設備進行單兵訓練。陸軍可以使用 VR 技術進行多方面的工作，

除了實戰模擬以外，還能進行軍醫訓練、徵兵活動。目前英國陸軍已經應用 VR 技術來招募 18 ～ 21 歲的士兵，他們讓這些年輕人戴上 VR 頭盔來進行軍事知識的講解和交流互動，以便於吸引這些年輕人來加入軍隊。

　　如今，許多與年輕一代的士兵一起成長起來的數位技術與電腦遊戲，都被當作作戰訓練的工具。例如，在美國夏威夷執行命令的士兵，完全可以透過玩戰爭主題的 VR 遊戲，感受到敘利亞戰場上的環境，與 ISIS 戰鬥，體會到真正的戰爭和一般軍事演習的不同之處，可以學習到在極端的戰爭環境下的生存方法和技巧，如圖 5-27 所示。同時，他們也可以在 VR 模擬遊戲中犯錯，而不需要付出太大的代價。

圖 5-27 士兵在虛擬實境中體驗戰爭環境

協助尖端科技

在高新技術武器開發過程中大量採用虛擬實境技術，設計者可方便自如的介入系統建模和仿真實驗全過程，這樣縮短了武器系統的研製週期，並能對武器系統的作戰效能進行合理評估，從而使武器的性能指標更接近實戰要求。同時在武器裝備的研製過程中，虛擬實境技術可為使用者提供預先示範，讓研製者和使用者同時進入虛擬的作戰環境中操作武器系統。研製者和使用者能夠充分利用分布式互動網路提供的各種虛擬環境，檢驗武器系統的設計方案和戰術、技術性能指標及其操作的合理性。

除此之外，VR 技術還能在武器裝備設計製造、武器遠距控制、武器平臺操作使用、武器毀傷效應展示、戰爭場景拍攝再現、軍事災難預測、軍事地圖製作、戰場醫療救助等諸多方面發揮重要作用，而且隨著以電腦技術為代表的資訊技術的不斷發展，虛擬實境技術及其應用還可能不斷滲入到國防軍事領域的其他方面，極大促進它們的發展。

在硬體上，VR 也是今後戰機發展的大趨勢，戰機的每次更新換代都在減少座艙內的儀表、操控設備，力圖將各種資料整合後資訊化輸出在戰機頭戴式顯示設備中，這樣能減少飛行員反覆低頭觀察儀表板的次數，使駕駛者更專注於實際飛行。同樣，這類全角度資訊統合的 VR 技術也可適用於坦克、裝甲車、艦艇等軍事載具上，如圖 5-28 所示。

圖 5-28 透過虛擬實境操縱艦艇

　　無人機與 VR 的結合設備已經在民間市場上出現，而這一技術更大的前景是用於軍事設備的遠距遙控。眾所周知，無論是戰機、坦克還是戰艦、潛艇都需要設計人員容納空間，不光占據了一定體積，而且對駕駛人員的直接攻擊一直是難以避免的弱點。這也是近年來各種軍用無人機、遙控機器人全面發展的起因。而 VR 頭戴式顯示設備因具備寬廣的觀察角度及極強的代入感，將成為此類設備最佳的觀察遙控平臺。屆時戰爭對戰鬥人員的損耗將會更低，甚至改變傳統戰爭模式。

　　在這方面，美國五角大樓的國家地理空間情報局（NGA）已經展開了利用 VR 頭戴式顯示設備和控制器遠距控制軍事行動的發展計畫，前景也不容小視。

縮短武器研發週期

美國第四代戰鬥機 F-22 和 JSF 在研發的全過程中都採用了 VR 技術，實現了 3D 數位化設計，使研發週期縮短了 50%，節省研發費用 90%。透過採用 VR 技術，可以在系統設計的初期向飛行員提供直接體驗，並隨時跟進軍方要求現場修改設計。美軍使用這種方法成功設計了「阿帕契」和「卡曼契」武裝直升機的電子座艙。而下一代航空母艦「傑拉德‧福特」號則是美國海軍 40 多年來首次全程採用基於 VR 技術的電腦軟體設計的航空母艦，如圖 5-29 所示。

圖 5-29　「傑拉德‧福特」號航空母艦

5.4.2　VR技術在軍事領域的應用實例

軍事領域很早就展開了虛擬實境的實際應用，前文提起的飛行模擬訓練在早期便具有虛擬實境概念，只是軍方在應用後並沒有刻意強調 VR 這一噱頭。而隨著民間市場 VR 話題的升溫，對於軍事領域的報導也逐漸引用了 VR 這一焦點。

第5章 行業大革命

　　從 2012 年開始，美軍就開始利用專屬的 VR 硬體和軟體進行模擬訓練，包括戰爭、戰鬥和軍醫培訓。這些模擬能以更經濟的方式幫助士兵在危險情況下訓練。美國在布拉格堡虛擬訓練場部署的全沉浸式的「美國陸軍步兵訓練系統」（DSTS：Dismounted Soldier Training System）就是最近被提及最多的軍事 VR 應用。此外在華盛頓特區和加州 Marina Del Ray，兩個「平行實驗室」正在利用 VR 裝置，幫助海軍實現下一代操控介面。有了這些，未來的作戰人員便能夠以「全 3D 意識」來驅動船隻，或者與千里之外的設計者即時合作，以修復船上的高科技零件。挪威軍方在坦克上使用 Oculus Rift 進行駕駛無盲區環境測試，就是一個典型的 VR 技術用於軍事的例子，如圖 5-30 所示。

圖 5-30 駕駛員在坦克上進行 VR 無盲區環境測試

　　此外，美軍還研發了利用擴增實境技術的軍用沙盤，該沙盤既是軍事地形研究的有效工具，又是作戰兵棋推演（簡稱「兵推」）的必備平臺，如圖 5-31 所示。美軍推出的「擴增實境沙盤」新技術，將普通沙盤變成了真實的 3D 戰場空間地圖。該技術將傳統沙盤變成動態的，極大方便軍事參謀作業，這項新技術為軍用沙盤技術帶來了一次革命。

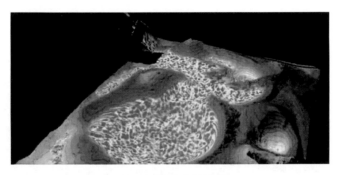

圖 5-31 擴增實境沙盤

　　英國、澳洲、荷蘭、泰國、中國等多個國家已經投入了虛擬實境與軍事的相關研究，可以說全球軍事界很早就對 VR 有了興趣，具體總結如下。

- **英國**：將把虛擬實境頭盔運用於醫務人員的戰爭培訓。其他軍事用途主要是模擬訓練，例如如何應對簡易爆炸裝置。
- **澳洲**：國防部所屬國防科技集團發起了一項探討 VR 和軍事防禦力潛在應用前景的研究。

- **荷蘭**：2013 年 6 月 5 日德國美軍格拉芬沃爾訓練基地內，士兵在進入戰場前利用當地的虛擬地圖進行了演練。
- **泰國**：國防技術研究所已經與 Mahidol 大學簽署了一份協議，以研發用於軍事訓練的虛擬環境。

5.5　VR 在其他領域的應用

　　除了人們最為熟悉的遊戲和影視行業，以及被普遍看好的教育和軍事應用，VR 其實還在其他諸多行業中有著不錯的發展前景，本節便對 VR 在其他領域的應用做一個小結。

5.5.1　VR 與直播的互動融合

　　直播是一個很寬泛的概念，傳統的直播是指透過文字、圖片、音訊的方式，即時（或略微延遲）的向觀眾傳遞體育賽事、演唱會、新聞、綜藝節目等資訊的過程，區別於後期剪輯、合成的錄播方式。近年來，隨著硬體性能和頻寬的提升，網路上興起了一股直播風潮，出現了眾多直播平臺。主播直播的內容也是五花八門，日常生活、歌唱表演、遊戲競技、工作、戶外、體育等皆可直播。其中，又以遊戲電競的直播最為火熱，像《英雄聯盟》、《DOTA2 爐石戰記》等遊戲的直播人氣都相當高。在遊戲直播中，主播可以與觀眾即時互動，觀眾可以購買虛擬禮物贈送給主播，主播和平臺的收入主要就來源

於觀眾購買禮物的消費。遊戲是直播的核心內容，也同樣是虛擬實境現階段的核心，未來虛擬實境技術一定能和網路直播相結合，創新出獨特的直播模式。

　　現階段，VR 直播技術主要應用在體育賽事、演唱會、新聞報導等活動中，透過虛擬實境直播，配戴頭戴顯示器的觀眾們可以如穿越一般身臨其境，感受到現場的氣氛。最著名的虛擬實境直播公司莫過於業界領先的 NextVR 了。NextVR 的主要直播內容為體育賽事，他們參與過足球、棒球、籃球、曲棍球等多場比賽。直播時，採用多套系統，提供不同的視角，每套系統都裝備有價值 18 萬美元的 6 臺 Red Epic Dragon 6K 攝影機，為觀眾提供 360°的 3D 虛擬實境影像。目前，NextVR 已經與 NBA、NHL、MLB、NASCAR 等體育機構合作，繼續擴大 VR 直播的影響力。

　　而在 2016 年 9 月 27 日，美國總統大選的兩位候選人希拉蕊和川普，開始了第一次的正面交鋒，並在電視上一對一辯論。美國全國廣播公司（NBC）在這場電視辯論中採用了 VR 直播，如圖 5-32 所示。

圖 5-32 透過 VR 參與美國總統大選直播

使用者可利用 Facebook 旗下的 Oculus Rift、HTC Vive 或三星 Gear VR 等主流 VR 設備以及 PC 瀏覽器，安裝 AltspaceVR 程式來觀看總統大選辯論，還可設定自己的形象進行社交互動。儘管此前巴西里約奧運會 NBC 已經玩過這一招，但是這次支援的終端設備範圍非常廣泛，再加上虛擬世界的社交化應用，堪稱 VR 直播的里程碑。

不久前，微鯨科技宣布將投資 10 億元在 VR 內容創作上，並聯合 JauntVR、NextVR 等美國 VR 影片公司對體育賽事以及演唱會等項目進行 VR 直播。

有專業人士指出，真正的 VR 直播是可以進行互動的，甚至可以隨意進行探索，顯然目前的一些 VR 直播還沒有達到這個標準。但是，由於美國總統大選這一事件持續發酵，VR 還會成為持續的焦點。但是，能否藉此引爆 VR 產業，還是一個未知數，技術和內容是亟待跨越的難點。

5.5.2　VR醫療

「遊戲和影視正驅動著 VR（虛擬實境）技術的發展，但醫療將會是 VR 最大的市場。」史丹佛 VR 醫療研究院主任瓦爾特‧格林利夫（Walter Greenleaf）在一場公開演講中如是說。在醫學中，虛擬實境在疾病的診斷、康復以及培訓中，正在發揮著越來越重要的作用。它利用電腦和專業軟體構造一個虛擬的自然環境，將電腦和使用者連為一體。

格林利夫是將虛擬實境技術應用於醫療的全球開創人之一，他研究 VR 技術已經超過 30 年。在他看來，VR 與醫療的結合可以在 4 個方面實現：遠距醫療、治療心理疾病、配合治療、醫療培訓。

遠距醫療

遠距外科手術是遠距醫療中的一個重要組成部分。在手術時，手術醫生在一個虛擬病人環境中操作，控制在遠處替實際病人做手術的機器人的動作。目前，美國喬治亞醫學院和喬治亞技術研究所的專家們，已經合作研製出了能進行遠距眼科手術的機器人。這些機器人在有豐富經驗的眼科醫生的控制下，更安全的完成眼科手術，而不需要醫生親自到現場去。

除了微型手術機器人以外，甚至有專家提出了由感測器、專家系統、遠距手術及虛擬環境等部分組成的虛擬手術系統，

在遇到突發災害情況時，它一方面可以對某些危重傷員實施遠距手術，另一方面還是一個特殊遠距專家諮詢系統。利用這個系統，前方醫生在檢查傷員時，可以將情況及時傳給後方有經驗的醫生；後方的醫生又可以將治療方案以虛擬環境的形式展示在前方醫生的眼前，從而使傷員能得到及時救護，減少人員傷亡。

在此需要指出，此前，心臟病專家借助 Google 眼鏡疏通了一位 49 歲男患者阻塞的右冠狀動脈。冠狀動脈成像（CTA）和 3D 資料呈現在 Google 眼鏡的顯示器上，根據這些圖像，醫生成功將血液導流到動脈，如圖 5-33 所示。

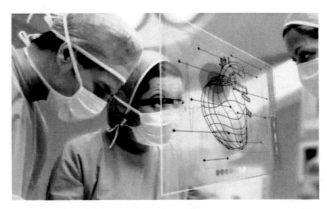

圖 5-33 透過 VR 技術完成手術

治療心理疾病

美國約有 18% 的人正患有焦慮症，7%～8% 的人患有創傷後壓力症候群，約 1 億人具有慢性疼痛。近七成民眾有不同程度的心理疾病。心理疾病是一個殺人於無形的兇手，目前正呈現向低齡化蔓延的趨勢。虛擬實境可能會成為這個問題的解決方案之一。

英國紐卡索大學（Newcastle University）發表研究稱，正在利用「藍屋」（Blue Room）系統治療心理恐懼，幫助患者重返正常生活。這一實驗的對象是 9 個 7～13 歲的男孩，他們被放置在 360° 無死角的全息影像世界「藍屋」中，周圍播放著此前對孩子造成心理創傷的畫面。心理學家在「藍屋」內陪伴他們，引導他們逐步適應環境，最終幫助他們克服恐懼。實驗結果顯示，9 個孩子中有 8 個能夠良好的處理恐懼情境，其中 4 個孩子完全擺脫了心理恐懼。

除此之外，史丹佛研究人員正試驗利用 Google 眼鏡幫助自閉症兒童分辨和識別不同情緒，以此讓他們掌握互動技能，如圖 5-34 所示。虛擬實境還被用於治療退伍老兵的創傷後遺症、殘障人士的幻肢痛、兒童過動症等。心理專家稱，由於 VR 技術能安全和有效的幫助當事人聚焦行為、體驗不同的自我、挑戰原有假設，因此，在心理治療中使用 VR 技術可有效支持當事人，增強當事人在諮詢情境中和諮詢情境外的自我效能感。

圖 5-34 透過 Google 眼鏡幫助自閉症兒童正常生活

　　不過，這個領域至今主要停留在大學及實驗室研發上，私人機構甚少出現，市場的商業化應用也還遠未開始。究其原因為，成本高昂、行業應用、商業變現不明朗。

　　但就當前的情況來說，心理諮詢師培訓可能是一個突破口。新手諮詢師在初次面對具有自殺和殺人危險性的當事人時，處於非常不利的局面。因為在其之前的培訓中，沒有機會體驗如何真正面對心理障礙患者和處於心理危機中的當事人，而這正是 VR 技術的用武之地。

配合治療

　　有些疾病的治療過程非常痛苦。例如，對燒傷患者來說，每次換藥都是一種煎熬。現在，美國羅耀拉大學醫院利用一個名為《Snow World》的 VR 遊戲緩解燒傷病人的傷痛，如圖 5-35 所示。

圖 5-35 緩解疼痛的 VR 遊戲《*Snow world*》

　　這個虛擬的冰雪世界有冰冷的河流和瀑布，還有雪人和企鵝。病人可以飛躍冰雪覆蓋的峽谷或者投擲雪球，此時他們的注意力完全集中於冰雪世界，無暇顧及傷痛。

　　25 歲的三度燒傷病人奧斯丁嘗試了這個理療項目，他說：「這比普通的理療要有趣得多。在虛擬實境的世界中，我完全被吸引住了。我幾乎感覺不到治療過程中身體移動所帶來的疼痛，甚至不知道自己是不是真的在理療。我完全陶醉在遊戲中了。」

　　躺在病床上百無聊賴，想去海邊度假消磨時光？ Magic Leap 尚未問世的虛擬實境眼鏡可以滿足你的願望。Business Insider 透露，這款眼鏡將配備可以辨識使用者位置的系統，能將使用者移動的位置隨時上傳到雲端。透過這種方式，任何虛擬內容都可以適配當前環境，與使用者形成互動。只需要戴上

眼鏡，患者就可以到海邊度假：系統從雲端獲取和海灘相關的資料，接著對房間及室內物品進行測繪，從而使兩者環境實現無縫對接。

醫療培訓

醫學研究生或者年輕醫生在可以上手術臺之前必須要經歷上百場的手術觀摩。但以往由於場地有限，一臺手術只能有很少的人在一旁學習，甚至還看得不是很清楚，因此臨床醫生的培養往往十分艱難。

醫學手術的精確度要求在分毫之間，主刀醫生運刀的角度、力度、分寸的把握必須要看得非常仔細。尤其是眼科手術透過 2D 顯示器觀看真實體驗度一般，學習效果差強人意。但 VR 直播教學可以給人身臨其境之感，並且還可以不受空間限制，讓遠在各地的醫生都有機會觀摩頂尖專家手術。

「目前在外科領域運用的 VR 手術直播還只是 3D 的，能讓學員僅在畫面上獲得參與感。未來我們還想透過技術實現 4D 外科手術，透過設備的接觸或者震顫，能讓觀摩者感受到醫生下刀力度的變化，這在以前是不敢想像的。」。

除了用於醫生培訓，不少 VR 手術直播也開始邀請患者的家屬甚至患者本人一起觀看。目的就是透過直接的手術過程，改變傳統用紙筆進行術前講解的模式，增進醫患雙方的理解，減少醫患矛盾。

5.5.3　VR與虛擬旅遊

在 F8 開發者大會上，馬克祖克柏為希望去義大利小鎮的觀光者展示了一段 VR 旅遊影片。人們不再是看看靜態圖片或影片，瀏覽一些飯店和餐館的評論，而是能以虛擬方式「實地」考察，如在市場或城市廣場上散步，感受其真實的體驗。如今，海灘、叢林、瀑布、世界其他奇觀都可以透過 VR 系統來「實地」體驗，如圖 5-36 所示。

圖 5-36 透過 VR「實地」旅遊

假以時日當 VR 技術達到完全成熟的狀態，VR 內容也異常豐富時，使用者就可以足不出戶的瀏覽世界各地的美景，或者在出門旅遊前提前預覽要去的城市、要住的飯店、風景區。相對於單純的平面照片和影片，使用者可以透過 VR 獲得更加豐富的目的地資訊，例如使用者可以知道即將入住的飯店周邊的環境、當地城市的立體方位等細節資訊。對於遊客來說，透過 VR 可以打消他們行前對目的地未知因素的擔心和不安。

　　目前來看，有一些企業正在嘗試把 VR 應用在旅遊領域。旅遊業對於 VR 技術的應用，主要集中在 VR 沉浸互動體驗（主要是應用在主題公園）和用來激發潛在遊客開始旅行的廣告、行銷上（主要是目的地行銷）。例如在體育觀賽方面，透過 VR 的沉浸感可以帶來現場觀賽的感覺，不過目前這種應用還處於小範圍嘗試階段。

5.5.4　VR與社交

　　人們是一種社交生物。我們天性上會被吸引與他人進行社交互動。這也是為什麼 Facebook 發展得如此龐大、如此成功的原因，現在 Facebook 上約有 15 億的活躍使用者。但是人們無法在 Facebook 上準確呈現自己的生活，或是以平衡的視角呈現。他們所呈現的自己由無數個時刻片段構成，是他們自己想要呈現的片段，也是想要讓他人看見的片段。

　　虛擬實境社交網路會特別引人矚目，因為它不僅能讓人們以虛擬的人物與他人互動，還能以自己想要的樣子呈現給世界。這些代表自己的虛擬替代者們可以是虛擬「分身」（可看作是真人的虛擬人像，但身體更纖細、更年輕，穿著也更好看）也可以是使用者們想像中的事物，或者還可以是根據想像創造虛擬人像，如圖 5-37 所示。

圖 5-37 在虛擬世界透過 VR 進行溝通

　　一旦使用者習慣了自己所選的虛擬人像，他們便能夠穿梭在虛擬空間，與其他用虛擬人像展現自己的真實玩家進行社交性互動。VR 技術將繪製我們的一舉一動，包括我們的面部表情。在某些情況下，它將自動生成動作，像是一邊走路，一邊模仿我們臉部、頭部、手部和四肢的動作。

　　VR 社交互動將發生在不同的地方，可以是遙遠的星球、深邃的海底，或是某個歷史遺蹟，只要你能說出來，它就能實現，當然，能夠與其他人互動的同時，你自己已經身處在大型多人線上遊戲中，而且虛擬世界有些像《第二人生》。但在那些平臺上，社交性互動發生在一個平面螢幕上。心理上你會覺得自己與虛擬人像相分離，以第三方視角觀看。甚至在普通的第一人稱射擊遊戲中，參與感也是片面的。為看向左邊，你要把遊戲手把推到左邊，然後螢幕轉向左邊場景。但是如果你真的轉動頭部看向左邊，你是無法顧及遊戲的。

在虛擬實境中，這樣的體驗似乎是直接的、全身心的參與並沉浸其中。當你想看向左邊時，扭過頭便能看到左邊沉浸其中的 360°虛擬世界。更加激動人心的是，如果你正和其他人說話，還能進行眼神交流。

所有社交性互動中最好的功能可能是你能夠與他人互動。這些互動會發生在任何令人難以置信的地方。你可能被賦予神奇的力量、奇妙的技能，並能夠把自己瞬間傳送到其他世界，進行其他社交互動。相信虛擬實境中的社交性互動，將成為該技術最令人心醉的一個部分。

就像所有新的文明變革性技術一樣，社交虛擬實境將是我們所遇到得最好的事情，也是最壞的事情。它會帶領我們前往虛擬世界中的某些地方，但也會讓我們與真實世界更加分離。

就像所有重大的文明轉變技術一樣，它以模糊的、在不被人注意的角落出現 —— 正如 Oculus Social Alpha 應用程式的出現。對於早期的使用者，虛擬實境將真正於未來爆發，但讓大眾接受可能還要 5 年的時間。

5.5.5　VR購物

如今的購物已從最初的線下真實場景的交易轉移到網路上，再從最初的電腦購物轉移到手機購物，接下來便有可能轉移到 VR 購物上。

　　據外媒報導，全球電商平臺 eBay 與澳洲百貨公司 Myer 聯手推出了「世界第一個 VR 虛擬百貨商店」，讓顧客在家就可以逛遍零售店，不用擔心颱風下雨，如圖 5-38 所示。

圖 5-38 透過 VR 技術在家購物

　　據了解，eBay 和 Myer 合作在 iOS 和 Android 平臺推出了一款「eBay 的虛擬實境百貨」APP，使用者在下載安裝該 APP 後，只需要將手機插入 VR 頭戴式顯示設備中，足不出戶即可瀏覽到 Myer 百貨超過 12,500 件商品，目前，大部分顯示為 2D 圖像，前 100 款產品可以轉換成 3D 模型顯示，消費者可以 360°欣賞這些產品的細節，還允許不同國家的朋友使用化身進入虛擬實境商店一起瘋狂購物。而在接下來的兩週，eBay 與 Myer 將每天送出 1,000 臺 VR 頭戴式顯示設備以作宣傳，預計將送出 2 萬臺 Google Cardboard VR 眼鏡。

第 5 章　行業大革命

　　淘寶網於 2016 年 4 月 1 日，宣布推出全新購物方式 Buy+。Buy+ 使用 Virtual Reality（虛擬實境）技術，利用電腦圖形系統和輔助感測器，生成可互動的 3D 購物環境。Buy+ 將突破時間和空間的限制，真正實現各地商場隨便逛，各類商品隨便試。雖然當天是愚人節，淘寶歷來都會上演許多啼笑皆非的惡作劇，但這一次卻是真的。

　　據悉，淘寶的 Buy+ 透過 VR 技術打造互動式 3D 購物場景、「造物神計畫」虛擬淘寶商品庫，以及虛擬世界的人與商品互動，可以 100% 還原真實購物場景，突破時間和空間的限制，真正實現各地商場隨便逛，各類商品隨便挑，各樣衣帽隨便試，開啟了「VR+ 網購」的全新商業模式和下一代購物場景。

　　使用 Buy+，即使身在某個城市的家中，消費者戴上 VR 眼鏡，進入 VR 版淘寶網，可以選擇逛紐約第五大道，也可以選擇英國復古市集，讓你身臨其境的購物，如圖 5-39 所示。

圖 5-39 進入 VR 淘寶可以去往任何地方購物

簡單來說，消費者可以直接與虛擬世界中的人和物進行互動，甚至將現實生活中的場景虛擬化，成為一個可以互動的商品。例如在選擇一款沙發的時候，消費者再也不用因為不太確定沙發的尺寸而糾結。戴上 VR 眼鏡，直接將這款沙發放在家裡，尺寸顏色是否合適，一目了然。

消費者還可利用帶有動作捕捉的 VR 設備，你眼前的香蕉、書籍在 Buy+ 中可以化身為爵士鼓，利用這種互動形式，讓消費者在購買商品的過程中擁有更多體驗。除此之外，Buy+ 產品影片裡還有一個有意思的場景。Buy+ 能夠大幅增加線上商品的真實感，例如，當你去幫女朋友買衣服的時候再也不用如此尷尬，戴上 VR 眼鏡，進入 VR 版淘寶，可直接查看女裝詳情，甚至上身效果，透過虛擬技術能擁有實體店所沒有的驚喜和體驗，完成一次愉快又美妙的購物體驗。

5.5.6　VR與室內裝潢

說到傳統裝潢行業，相信不少使用者都有過痛徹心扉的經歷，打著進口品牌的名聲做出路邊攤的造型、標稱高質感的方案做出令人傻眼的設計……似乎總有訴不盡的惆悵與憤怒。但是，這些問題在 VR 與裝潢結合之後，也許全都可以迎刃而解。

利用虛擬實境技術擺脫空間和時間的限制，從設計方案到家具擺設，都可提前「真實」的還原，讓使用者在裝潢開始之前就能切身體驗到裝潢入住後的效果。VR 技術幫助使用者實現

裝潢領域的硬體、軟體、家電、家用品等的超前體驗和方案選擇。如此一來，傳統裝潢領域「資訊不對稱」的百年癥結也終於有了終結的可能。

　　從使用者的角度看，利用 VR 技術提前感受設計效果、沉溺設計場景、自選風格搭配，避免了與設計師意見相左，也不存在後期心理落差。所見即所得，掌握細節設計，成全個性追求，如圖 5-40 所示。

圖 5-40 使用者在虛擬實境中觀察裝潢效果

　　從設計師的角度看，技術門檻低了，生產效率高了，審美水準可以自由表現了，與使用者溝通交流也能零障礙了。虛擬實境技術的出現對他們來說，是福音級別的完美顛覆。

　　再從裝潢公司的角度看，高成本、低效率的裝潢樣品屋可以不再搭設了，利用虛擬實境技術能夠實現風格的變換更新。除此之外，3ds Max 軟體應用也不再是聘用人才的必備條件了，普通銷售人員上手一樣可以遊刃有餘。

　　虛擬實境技術應用於裝潢領域，從最初的設想到現在的實

行，就體驗效果來看，市場前景十分廣闊。目前，有的 VR 裝潢把目標市場定位於房地產專案、裝潢設計公司（設計師），有的則把主要目標市場定位在裝潢需求終端，即 C 端市場。並且，圍繞著 VR 裝潢設計的一系列服務，如建材、家具等內容也都在逐步融合推進，在不久的將來，使用者一定可以感受到完整的、良好的 VR 裝潢體驗。

VR 裝潢的未來我們可以預見，但從目前狀況來看，首要面臨的還是重重挑戰。

首先，VR 技術還不夠成熟，而虛擬實境裝潢是一個互相依賴型、設計密集型的工程，在這個過程中需要完備、順暢的基礎設計程式和工具，而這個恰恰是目前技術所無法強力支撐的。沒有完善的硬體系統，就很難提升使用者的體驗性。在現有技術下，使用者配戴設備半小時以上就會使眩暈感加重，而這個時間遠不能滿足使用者對裝潢空間的完全設計。

其次，目前大部分 VR 裝潢專案都是使用遊戲引擎製作的，這種做法成本高昂，製作效率卻相當低，很難滿足裝潢行業所需求的快速規模化製作的要求。同時，這也大大影響裝潢設計的傳播速度，違背對室內設計即時修改、更新的本質。

最後，現今大部分的 VR 裝潢專案還僅僅是房地產商對預售屋的銷售輔助，能夠和裝潢設計甚至家居建材導購流程深度結合的專案屈指可數。想要將 VR 裝潢真正的推向市場，虛擬技術的提升是必要的，同時市場的拓展和教育也是十分重要的。

5.5.7　VR與圖書出版

　　手機和 Kindle 之類對傳統出版業衝擊不小,雖然電子圖書等不能完全取代紙質書籍,但已經把傳統書籍的市場壓縮了不少,廠商們壓力很大,也在尋求新的方向。AR 技術在教育出版領域已經有了不少的應用,可以直接展示 3D 模型和場景,VR比 AR 更能帶來臨場感,在這方面似乎也可以應用。

　　《恐龍世界大冒險》圖書,附送 VR 眼鏡和 APP,如圖 5-41所示。用 VR 看恐龍這種平常見不到的東西,而且其中的各種恐龍都是立體的,還有聲響,遠比傳統的圖書直覺。

圖 5-46 兒童透過 VR 觀看圖書《恐龍世界大冒險》

　　還有一套最近出版的《梵谷地圖》（中文版）也是如此。據出版方電子工業出版社的工作人員介紹，書中從始至終追溯著梵谷的足跡，遍訪了他曾經生活過的 20 多個地方，同時應用 VR 技術，畫面感很強。

　　雖然 VR 在出版業有著較好的發展前景，但並不是每本書都適合做成 VR 圖書，根據產品的複雜程度不同，VR 圖書花費的資金要大大高於普通圖書，因此目前大多數是應用在兒童青少年科普類圖書上。通常來說，這種用了 VR 技術的圖書，成本一般比普通圖書高 3 ～ 5 倍。一般只有資金比較雄厚的出版社才能嘗試，暫時沒辦法大範圍應用。

第 5 章　行業大革命

VR 的市場淘金

VR 技術無疑是近年來全球電子產品中最受追捧的，從 Oculus Rift 預售的熱門程度就可以看出大眾對 VR 的期待。有機構預測，2020 年全球 VR 軟硬體的產值達 95 億美元，2025 年將成長到 352 億美元，行業將迎來爆發式成長。全球的「VR 元宇宙熱」自然也影響到大企業還是個人，都翹首以盼希望可以搶占先機。

6.1　個人突破：開一家 VR 體驗館

　　沒有團隊、沒有資金、不懂技術，「三無人員」就不能從事虛擬實境行業了嗎？當然不是，我們還可以以虛擬實境愛好者的身分從事虛擬實境的線下體驗館，而這也是目前 VR 變現最快的方式之一，非常適合個人創業者。本節便介紹開一家初級的 VR 體驗館需要考慮到的一些因素。

6.1.1　選址是第一要務

　　開店做生意，誰都知道位置的重要性，位置選得恰當，無形中已為你的生意打下了堅實的基礎。相反，即使你有很不錯的經營才能，但生意也有可能做不好。

　　開店者需要對商圈進行分析，而其目的是選擇適當的店址。適當的店址對商品銷售有著舉足輕重的影響，通常店址被視為商店的三個主要資源之一，有人甚至以「位置，位置，再位置」來著力強調。

　　店鋪的特定開設地點決定了店鋪顧客的多少，同時也就決定了店鋪銷售額的高低，從而反映店址作為一種資源的價值大小。店址選擇的重要性表現在下面幾個方面。

其投資數額較大且時期較長，關係著店鋪的發展前途

店址不管是租借的還是購置的，一經確定就需要大量的資金投入營建店鋪。當外部環境發生變化時，它不可以像人、財、物等經營要素那樣可以進行相應調整，只有深入調查、周密考慮、妥善規劃，才能做出較好的選擇。

它是店鋪經營目標和經營策略制定的重要依據

不同的地區在社會地理環境、人口密度、交通狀況、市政規畫等方面都有自己有別於其他地區的特徵，它們分別制約著其所在地區店鋪的顧客來源、特點和店鋪對經營的商品、價格、促進銷售活動的選擇。所以，經營者在確定經營目標和制定經營策略時，必須考慮店址所在地區的特點，使目標與策略都制定得貼近現實。

它是影響店鋪經濟效益的重要因素

店址選擇得當，就意味著其享有優越的「地利」優勢。在同行業的商店之中，在規模相當，商品構成、經營服務水準基本相同的情況下，則會有較大優勢。

第 6 章　VR 的市場淘金

它貫徹了便利顧客的原則

　　它首先以便利顧客為首要原則，從節省顧客時間、費用角度出發，最大限度的滿足顧客的需求，否則會失去顧客的信賴、支持，店鋪也就失去存在的基礎。當然，這裡所說的便利顧客不能簡單理解為店址最接近顧客，還要考慮到大多數目標顧客的需求特點和購買習慣，在符合市政規畫的前提下，力求為顧客提供廣泛選擇的機會，使其購買到最滿意的商品。

　　考慮到 VR 體驗館的特殊性（概念和技術都比較高階），大部分普通族群對虛擬實境 VR 技術還沒有認知，因此在選址時既要考慮到消費者的人群定位，又要考慮到體驗館生存的最核心因素──客源和流量。因此，VR 體驗館通常應該選擇在客流量集中的購物中心、遊樂城、影城、風景區等，簡單的 VR 設備體驗可以在網咖、博物館、科技館等場所。選址對了，接下來才是靠裝潢、活動宣傳等手法吸引消費者。

6.1.2　VR體驗設備選購

　　所謂的 VR 體驗館最重要的當然還是體驗，因此設備的選擇尤為重要。本節便列舉在選購設備時必須弄清楚的 10 大重點，供讀者在選購時參考。

視場範圍

　　目前市場上一些最便宜的頭戴式顯示設備，以及一些早期的昂貴頭戴式顯示設備，視野範圍都比較窄，不是因為鏡頭離手機螢幕太遠，就是專門為了小型低解析度手機設計的。尤其在發展中國家，頭戴式顯示設備的主要用途就是個人虛擬電影院，這些頭戴式顯示設備的視野範圍就會比較小。那該找多大的才合適呢？

　　一般情況下，只要超過 90°就是不錯的選擇了，例如說三星 Gear VR 的視野範圍就是 96°，目前比較受歡迎的是 LeNest 和 FiiT，都是 102°。

　　小型手機看到的圖像更小，但視野範圍更廣，讓人有戴著面膜看東西的感覺。邊緣有些是因為手機本身圖像不大，而有些也是由於頭戴式顯示設備不大，要把影片一切都擠進視野中，視野就更窄了。

重量

　　一般使用者總是想要頭戴式顯示設備越輕越好，但也要有一定品質，防止折斷。例如用紙巾做的頭戴式顯示設備雖然很輕，但也不可能正常使用。紙板做的頭戴式顯示設備也非常輕，但同樣用不了多久。作為免費贈送的樣品還不錯，能讓大家都體驗一下虛擬實境，但肯定不是想要花錢買的那種。

　　然後再來看看價格較高的那些開放式頭戴式顯示設備，看起來像是太陽眼鏡那種。這些眼鏡也很輕便，另外還能折疊放入口袋，隨身攜帶，特別是想要和其他人分享 VR 應用時將會很方便。這方面做得比較好的是 Google Tech C1-Glass，其次是 Homido Mini 開發的 Cobra VR 眼鏡，再接下來就是 AntVR 和暴風 Small Mojing。而像三星 Gear VR 這樣的全封閉頭戴式顯示設備會更重一些，裡面零件也更多。開放式頭戴式顯示設備一般重量大約在 30g ～ 160g 不等，一般透過頭帶固定。而 Gear VR，在接上手機前的重量是 340g。

頭帶

　　如果打算長時間配戴頭戴式顯示設備，就需要頭帶了。如果沒有頭帶，則需要用手托著臉上的頭戴式顯示設備。一般開放式頭戴式顯示設備不用頭帶，但紙板型的就有兩種選擇。全封閉式的頭戴式顯示設備一般都配有頭帶，除了 Mattel View-

Master。這種頭戴式顯示設備最初是設計給孩子用的，設計師當初的考慮是不讓孩子在 VR 應用上花太多時間。

設備使用者體驗

如果自己戴眼鏡，或是有需要分享頭戴式顯示設備的親友戴眼鏡，就需要考慮寬度足夠的頭戴式顯示設備。例如 Mattel View-Master 就寬度不夠，Shinecon VR 也不行，三星 Gear VR 可以，LeNest 和暴風 Mojing 3 也行。

可調節鏡頭

一般來說，虛擬實境頭戴式顯示設備中的鏡頭透過兩種方式調整。第一種是調整鏡頭之間的距離，也就是調整瞳距。如果雙眼分得比較開，就需要鏡頭比較遠的頭戴式顯示設備；如果是給孩子用，就需要鏡頭離得比較近；另外一種方法則是調整鏡頭和智慧型手機螢幕之間的距離。例如上文提到的 LeNest 就是一個例子，它兩邊的鏡頭能夠分開調整。這對雙眼聚焦距離不同的人很有幫助。

能兼容擴增實境

目前很多設備並不兼容擴增實境應用，Mattel View-Master 可以做到，但可能只是銷售策略。而 Realiteer 出品的 Wizard Academy 則不一樣，例如它可以使用手機的前置攝

影鏡頭追蹤使用者握在手上的魔杖。其他擴增實境方面的應用還包括追蹤使用者是否讓頭部前傾或後仰，這是目前手機感測器所沒有的功能，同樣也可以避免使用者撞上牆或家具，或把虛擬怪物放到家裡或辦公室中等。此外，Mattel View-Master 的外殼是半透明的，當透過螢幕觀看公司配送的「經驗卷軸」時，能看到眼前有不同的物體，例如說飛機，出現在使用者上空。其他頭戴式顯示設備則要麼沒有外殼，要麼就在外殼上挖孔，方便安置攝影機拍攝。

與音訊及插座兼容

聲音對虛擬實境體驗的沉浸感很重要，特別是 Google Cardboard，本身就支援特殊的聲音效果。如果使用者在使用時頭戴式顯示設備涵蓋了手機的所有邊緣，使用者就沒辦法使用耳機了。同時也無法使用充電插頭，這樣在長時間看影片時就會擔心電力是否充足了。

有些頭戴式顯示設備外殼並不像其他頭戴式顯示設備那樣完全封閉，而是在頂部和底部兩側各有開口。而且這樣的開口還能幫助頭戴式顯示設備降溫，防止鏡頭起霧等。

控制器

　　Google Cardboard V1 是 Google 發表的第一臺頭戴式顯示設備，側面有一個磁鐵按鈕，輕輕一按，頭戴式顯示設備馬上就脫落了。當然，這種頭戴式顯示設備並不適用於所有手機。而另外一種頭戴式顯示設備則有電容觸摸螢幕，使用者能夠不脫下頭戴式顯示設備也能控制手機螢幕。另外，開放式的頭戴式顯示設備自然就沒有這些問題，只要簡單觸碰螢幕即可。

　　然而也有很多全封閉式的頭戴式顯示設備沒有類似的按鈕。這些公司還在與許多 Google Cardboard 應用程式合作，因為設計師也意識到了這個缺陷，希望目前的應用程式能主要透過瞳孔聚焦的方式進行互動。而另外一些頭戴式顯示設備廠商則試圖透過連帶銷售外置遙控器解決這個問題。整體來說，要保證使用者體驗，要麼選擇自帶按鈕的頭戴式顯示設備，要麼選擇能直接操作手機的，要麼選擇附有外置遙控器的。

價格

　　目前的行動 VR 頭戴式顯示設備價格各有不同。開放式可折疊頭戴式顯示設備價格從 5 美元（VR Fold on AliExpress）到 22 美元（Google Tech）不等，紙板頭戴式顯示設備的價格則在 1 美元到 30 美元之間，而塑膠頭戴式顯示設備的價格則最多能達到 100 美元以上。

某些已經上市一段時間的大品牌頭戴式顯示設備價格會偏高，例如 Merge VR 的售價為 100 美元，Fibrum 的售價為 130 美元，Homido 的售價為 80 美元，以及 Zeiss VR One 的售價為 120 美元。這些產品並不具備好的 CP 值，除非使用者確實喜歡某一款的造型，也願意為此做出犧牲。

目前虛擬實境頭戴式顯示設備的價格在 20 ～ 50 美元之間的相對合理。這個價格區間的產品包括 Mattel View-Master、暴風魔鏡 3，以及 LeNest。這些產品背後的公司看起來售出了不少產品，能夠持續投入到研發之中，而且數量多了，價格也就降下來了。

使用舒適度

對使用者來說，舒適度應該是配戴頭戴式顯示設備時要考慮的最重要因素。大部分開放式輕量頭戴式顯示設備沒有這個問題，手機就放在支撐架上就好。LeNest 的解決方法也很簡單：外殼打開就能直接把手機放進去，然後再把外殼關好即可。

但有些頭戴式顯示設備就非常複雜。例如 Freefly VR，使用者每次使用前都要先看看說明書，因為下次又不記得方法了。如果頭戴式顯示設備嵌入手機的方法太複雜，切換應用程式、播放新影片，甚至更改設定都會很麻煩，因為這些都要使用到手機的觸控螢幕，買家需要慎重考慮。

6.1.3 推薦的 VR設備

目前市場上可選的 VR 頭戴設備品牌主要有三星 Gear VR、Oculus Rift、HTC Vive 和 PlayStation VR 等，當然相應電腦的配置也必須跟上，否則將直接影響後續的營運。

Gear VR

三星 Gear VR 在觀看方式、技術等很多方面都與 Google Cardboar 相似，但不同的地方在於 Gear VR 只能「封閉的」支援自家幾部旗艦、次旗艦手機，如圖 6-1 所示。

圖 6-1 Gear VR 只能支援三星自家的旗艦手機

不過好就好在 Gear VR 由於只支援自家的手機，所以在互動上、操控體驗上有一些突破。三星 Gear VR 內建了諸多感測

器（例如距離傳感），可以檢測到使用者是否正在配戴設備並自動暫停／播放內容；右側附帶了一些輸入控制按鈕，可以很方便的控制手機上顯示的內容（不需要拿出手機再扣上）。

值得一說的是，Gear VR 的內容同樣是非常優秀的。一方面是 Gear VR 已經擁有大量的 VR 內容，另一方面 Oculus Support 也為這臺設備做強大背書。近期也有一些報導顯示，已經有不少老闆購買大量 Gear VR 開設 VR 電影院提供給大眾付費體驗，而且生意不錯。甚至在三星 Galaxy S7 的發表會上，Oculus 背後的 Facebook CEO 馬克祖克柏也為其站臺並大呼：VR 時代已來。

Gear VR 兼容的三星手機為：Galaxy S6、Galaxy S6 Edge、Galaxy S6 Edge+、Galaxy Note 5、Galaxy S7 和 Galaxy S7 Edge。

Oculus Rift

Oculus Rift 是一款為電子遊戲設計的頭戴式顯示器。它將虛擬實境接入遊戲中，使玩家能夠身臨其境，對遊戲的沉浸感大幅提升。儘管還不完美，但它已經很可能改變將來的遊戲方式，讓科幻大片中描述的美好前景距離我們又近了一步。雖然最初是為遊戲打造，但是 Oculus 已經決心將 Rift 應用到更為廣泛的領域，包括觀光、電影、醫藥、建築、空間探索，甚至戰場上。

Oculus Rift 算得上一臺真正的 VR 設備，使我們可以直接進入「真實」的虛擬實境。不過，Oculus Rift 本身只要 599 美元，但是配齊一個強大的遊戲電腦可能需要數萬臺幣。作為一個高階遊戲電腦的外設，相比於 Gear VR，它可以讓你感受到更廣闊、更真實的遊戲世界。

整個 Oculus Rift 包括一個深度追蹤的耳機，一個無線 Xbox One 手把和一個 Oculus 手把，是目前體驗最為全面的設備，如圖 6-2 所示。手把是一個單純的滑動設備，普普通通，所以不要寄希望於初代產品能有任何動作追蹤。

圖 6-2 目前體驗感最完整的 VR 設備：Oculus Rift

運行 Oculus Rift 的最低電腦配置為：

· NVIDIA GTX 970/AMD 290 或更高。
· Intel i5-4590 或更高。

- 8GB+ RAM。
- HDMI 1.3 影片輸出。
- USB 3.0 介面。
- 運行 Windows 7 SP1 以上系統。

HTC Vive

　　該設備由 HTC 和 Valve 聯合開發，採用了 SteamVR 技術，擁有單眼 1200×1080 的解析度，90 幀／秒的更新率，4.5m×4.5m 的位置追蹤（遠遠超過 Oculus Rift DK2），還有 110°的視場角，並配有攜帶位置追蹤功能的遊戲控制器，還有一個專門針對 VR 而進行優化的 Steambox 主機。

　　與 Oculus Rift 和 PlayStation VR 不同，借助 Lighthouse（捕捉系統），實現體驗者能在一定範圍內的走動，該系統採用 Valve 專利，其核心原理是利用房間中密度極大的非可見光，來探測室內玩家的位置和動作變化，同時實現定位、追蹤與控制，並將其模擬在虛擬實境 3D 空間中，目前 Lighthouse 系統可在小於或等於 15 英呎 ×15 英呎的長方形區域使用，透過搭載一對手持控制器與 VR 環境進行互動，HTC Vive 提供的沉浸感和互動性真是相當震撼的。

　　當然，你得有個大空間去玩 VR，而且還有足夠的預算。最重要的是，Vive 是 HTC 和 Valve 合作的產物。Valve 擁有全世界大部分電腦遊戲銷售管道。在 Steam 平臺上已經有一個 VR

列表，其在電腦遊戲領域的地位是一個強大的優勢，如圖 6-3 所示，因此對於經常在 Steam 平臺上玩遊戲的人來說極為方便。Vive 在所有示範上都表現得非常出色 —— 在一個屋子裡無障礙的行走是一種非常棒的體驗。

圖 6-3 使用 HTC Vive 可支援 Steam 平臺上的 VR 遊戲

PlayStation VR

　　PlayStation VR 在 這 一 輪 競 爭 中 有 足 夠 多 的 優 勢：PlayStation 4 比高階遊戲電腦便宜很多，Move 和 DualShock 4 配合 PlayStation Camera 提供了相對便宜的運動控制。PlayStation VR 的開發者很像 Gear VR 的開發者，在單一平臺上擁有足夠多的目標使用者，所以他們可以花更多的時間去升級。

就像所有的高品質 VR 頭盔，PlayStation VR 很貴，可能和 PlayStation 4 本身一樣貴，要 349.99 美元。鎖定 PlayStation 4 這個單一平臺對於開發者來說是一件好事，但這也可能導致遊戲和示範都比較小規模，而且缺乏忠誠度。

PlayStation VR 是 SONY 對廣大主流使用者邁出的明智的一步。但是只有等到明確了發售日期與價格之後，才能得知它到底會對 Vive 和 Rift 產生怎樣的影響。

6.1.4　體驗館的定位

高階的虛擬實境體驗館

高階的虛擬實境體驗館以虛擬實境主題公園、遊樂場或虛擬實境網咖的形式為主。這類體驗館投資龐大，為玩家配備最先進的設備，透過各種感測器將虛擬實境和真實世界結合起來，提供最佳的虛擬實境體驗。可以預見，類似 The VOID、Zero Latency 的虛擬實境主題公園將會是 VR 高階體驗場所的代表，如圖 6-4 所示，它能提供最佳的虛擬實境體驗，並且彌補室內虛擬實境的不足之處。

圖 6-4 Zero Latency 體驗館內部

網咖＋虛擬實境

　　網咖一直是遊戲愛好者的第一聚集地，將虛擬實境引入網咖，無疑是普及虛擬實境技術的最佳方式。電腦行業也經歷了網咖到家庭的普及路線，虛擬實境設備高昂的價格仍為使用者購買設定了較大障礙。隨著電腦和智慧型手機的普及，流行一時的網咖正在面臨重大的生存壓力。在原有網咖的功能上打造更好的環境，並提供圖書、咖啡、飲食等，改變了上網環境的網咖逐漸變成了高階的遊戲娛樂場所，不再是過去那種烏煙瘴氣的環境，而這也為虛擬實境的引入提供了條件。

　　在日本，已經有部分網咖設置了 VR Theater（VR 劇場）的服務，為顧客提供虛擬實境體驗場所。著名的虛擬實境企業 HTC 也正試圖挖掘這個市場，它與網咖軟體供應商順網科技合作，在杭州嘗試推廣虛擬實境遊戲，玩家可以花費數百元在專用的房間內體驗虛擬實境遊戲。順網科技服務於 1 億網咖玩家，

它將在網咖逐步部署 HTC Vive，依託於遊戲的力量打開虛擬實境消費市場，一方面增強網咖的競爭力，一方面推廣虛擬實境技術。

現階段，虛擬實境技術仍不完善，存在很多問題，例如畫面顆粒感嚴重、暈眩感強烈、內容不足、互動不自然、硬體成本高等。而一般網咖依靠上網時長收費，體驗虛擬實境因暈眩等原因，時間一般不會太長，但設備的使用成本高、占用場地大及內容不足，都制約著網咖轉型成虛擬實境體驗場所的發展。

低階的虛擬實境體驗館

而低階的虛擬實境體驗館設備數量和規模都較小，10 平方公尺左右的虛擬實境體驗館，開設成本比虛擬實境主題公園和網咖要低很多，可以作為虛擬實境個人創業的一個方向。展開虛擬實境體驗館加盟業務的公司很多，都打著誇張的 7D、8D甚至 9D 影院的旗號，至於真正效果只有親身體驗了才能知道。

因此，體驗館的規畫上，最好有自己的體驗重點，重點以先進、新奇和科技感強烈的尤佳，遊戲內容、仿真度、沉浸感、互動性等要求上最好精益求精。如除了電腦和頭戴式顯示設備之外，還要配備完整的 VR 遊戲，增加遊戲外部設備、搭配一定場地規模的沉浸式體驗。目前這方面可參考兩種主題 VR體驗，一種是 VR 和體感結合的賽車主題體驗；一種是沉浸遊戲類的無線 VR 體驗。

■ **賽車 VR 體驗**

　　賽車 VR 體驗也就是簡單的賽車模擬器加頭戴式顯示設備設備。因為飆車的刺激和體感能夠涵蓋很大一部分熱愛遊戲、電玩和汽車的人群，再加上 VR 的噱頭，成為在 VR 體驗館試水溫的途徑。而且相較起沉浸遊戲式的 VR 體驗，賽車模擬器的遊戲軟體已經相對成熟，較高階的賽車模擬器品牌如幻速賽車模擬器也已經能做到精確的體感回饋，因此，無論從硬體還是軟體上，賽車競速的 VR 體驗主題是較為容易實現，並且風險較低的模式之一，如圖 6-5 所示。

圖 6-5 賽車類 VR 模擬

■ **沉浸遊戲式的 VR 體驗**

　　沉浸遊戲式的 VR 體驗館則是目前市場上 VR 體驗相對較高的級別，在這幾年也開始參差不齊的陸續出現。但這種高階遊戲 VR 體驗對於成本要求也理所當然較高。2015 年在澳洲墨

爾本開業的 Zero Latency 遊戲場地就有 4,000 多平方英呎，PlayStation Eye 攝影鏡頭有 100 多臺，一局遊戲支援最多 6 名玩家，每個玩家背裝 Alienware Alpha 迷你遊戲主機的背包與配戴的 Oculus Rift 眼鏡進行遊戲互動控制。如果有能力的投資者可以嘗試，但這樣高階的 VR 體驗，針對的消費者族群也必有篩選的過程，Zero Latency 的門票價格在 40 英鎊以上。

6.1.5　收費與營運

影響 VR 體驗館的成功與否，除了 VR 設備和體驗內容的重點之外，收費計時和附加服務等營運模式也是關鍵因素。收費定價通常需要根據商家的成本回收預估、設備體驗模式、一家店每天的最大體驗容量，甚至當地的消費觀念及消費程度來定。因此商家在定價上需要謹慎，既要符合 VR 體驗館的高階定位，又不能高貴得讓消費者敬而遠之。

而增加客流量的技巧除了常規的活動促銷、節日優惠、會員模式等方式，在 VR 設備的選擇上其實就可以有些取巧的方式。例如前文提及的賽車競速的模擬器，這種賽車競技＋科技體驗的設備最容易吸引結群的年輕消費者，在數量上就有優勢。結合設備，店家還可定期舉辦賽車競速活動，畢竟競技型遊戲體驗對於年輕族群具有長盛不衰的吸引力，如圖 6-6 所示。

圖 6-11 VR 視角的傳統競技遊戲

　　此外，在體驗館開設前期，考慮到宣傳重點和成本回收的壓力，店家可把 VR 體驗和其他主題結合，如網咖、電玩、競技、桌遊、社交、休閒、娛樂、俱樂部等，一方面減少投入風險，一方面豐富店鋪的收入管道。

電子書購買

國家圖書館出版品預行編目資料

下一站，元宇宙：穿越遊戲 × 客串電影 × 模
擬戰鬥，秀才不出門，也能體驗天下事！ / 易
盛編著 . -- 第一版 . -- 臺北市：崧燁文化事業有
限公司 , 2022.08
　面；　公分
POD 版
ISBN 978-626-332-615-6(平裝)
1.CST: 虛擬實境 2.CST: 數位科技
312.8　　　111011750

下一站，元宇宙：穿越遊戲 × 客串電影 × 模擬戰鬥，秀才不出門，也能體驗天下事！

臉書

編　　　著：易盛
發 行 人：黃振庭
出 版 者：崧燁文化事業有限公司
發 行 者：崧燁文化事業有限公司
E - m a i l：sonbookservice@gmail.com
粉 絲 頁：https://www.facebook.com/sonbookss/
網　　　址：https://sonbook.net/
地　　　址：台北市中正區重慶南路一段六十一號八樓 815 室
Rm. 815, 8F., No.61, Sec. 1, Chongqing S. Rd., Zhongzheng Dist., Taipei City 100, Taiwan
電　　　話：(02) 2370-3310　　　傳　　　真：(02) 2388-1990
印　　　刷：京峯彩色印刷有限公司（京峰數位）
律師顧問：廣華律師事務所 張珮琦律師

─ 版權聲明 ─

定　　　價：430 元
發行日期：2022 年 08 月第一版
◎本書以 POD 印製